Adobe Premiere Pro 2020 影视编辑设计与制作案例课堂

卢 琛 主编

清华大学出版社
北京

内 容 简 介

目前高职院校正在从纯理论教学的学历教育模式向职业技能培养的实训教育模式进行转型，并提出了"以就业为核心""以企业的需求为导向"的基本思路作为教材的出发点。在教学实践中，相关教师缺乏实际业务的实践操作经验，无法创造真实生产环境，导致校企合作与工学结合无法顺利实施。

本书以提升学生实际应用技能为目的，围绕案例制作拓展到真实的工作环境，从理论到实践的原则，提升学生的综合动手能力。本书适合影视传媒、动画设计、艺术设计等相关专业教学使用，也适合专业的从业者使用。本书无论是对初学者还是专业人员都具有很强的参考及学习价值。

本书封面贴有清华大学出版社防伪标签。无标签者不得销售。
版权所有，侵权必究。举报：010-62782989，beiqinquan@tup.tsinghua.edu.cn。

图书在版编目（CIP）数据

Adobe Premiere Pro 2020影视编辑设计与制作案例课堂 / 卢琛主编. —北京：清华大学出版社，2023.5
ISBN 978-7-302-63011-1

Ⅰ.①A… Ⅱ.①卢… Ⅲ.①视频编辑软件—高等职业教育—教材 Ⅳ.①TP317.53

中国国家版本馆CIP数据核字（2023）第040572号

责任编辑：李玉茹
封面设计：杨玉兰
责任校对：徐彩虹
责任印制：朱雨萌

出版发行：清华大学出版社
　　网　　址：http://www.tup.com.cn，http://www.wqbook.com
　　地　　址：北京清华大学学研大厦A座　　邮　编：100084
　　社 总 机：010-83470000　　邮　购：010-62786544
　　投稿与读者服务：010-62776969，c-service@tup.tsinghua.edu.cn
　　质 量 反 馈：010-62772015，zhiliang@tup.tsinghua.edu.cn
　　课 件 下 载：http://www.tup.com.cn，010-83470236
印 装 者：三河市铭诚印务有限公司
经　　销：全国新华书店
开　　本：185mm×260mm　　印　张：15.5　　字　数：372千字
版　　次：2023年5月第1版　　印　次：2023年5月第1次印刷
定　　价：79.00元

产品编号：100630-01

前 言

Premiere软件是Adobe公司旗下专业的非线性音视频编辑软件,主要用于剪辑视频,在广告宣传、影视制作等领域应用广泛。该软件操作方便、易上手,深受广大设计爱好者与专业人员的喜爱。

本书在介绍理论知识的同时,安排了大量的课堂练习,同时还穿插了"操作技巧"和"知识拓展"板块,旨在让读者全面了解各个知识点在实际工作中的应用。在前7章结尾处安排了"强化训练"板块,目的是巩固本章所学内容,从而提高实操技能。

内容概要

本书知识结构安排合理,以理论与实操相结合的形式,从易教、易学的角度出发,帮助读者快速掌握Premiere软件的使用方法。

章 节	主要内容	计划学习课时
第1章	主要对Premiere的基础入门知识进行介绍,包括影视后期相关知识、Premiere工作界面、自定义工作区及首选项设置等	
第2章	主要对素材的创建与管理进行介绍	
第3章	主要对剪辑的标记进行介绍,包括在监视器中剪辑素材及在时间轴中剪辑素材等	
第4章	主要对字幕设计进行介绍,包括字幕的创建及字幕效果的调整等	
第5章	主要对视频过渡效果的应用进行介绍,包括视频过渡效果的基础知识及不同视频过渡效果的运用等	
第6章	主要对视频特效的应用进行介绍,包括视频效果的基础知识、关键帧和蒙版跟踪效果及不同视频效果的应用等	
第7章	主要对音频剪辑知识进行介绍,包括声道、音频控制面板、音频的编辑及音频特效等	
第8章	主要对项目的输出进行介绍,包括可输出的格式、输出前的准备工作及输出设置等	
第9章	主要对视频片头的制作进行介绍,包括素材的创建与整理、效果的添加及渲染输出等	
第10章	主要对励志微视频的制作进行介绍,包括素材的整理与编辑、文字的添加、背景音乐的编辑及渲染输出等	

配套资源

（1）案例素材及源文件

书中所用到的案例素材及源文件均可在文泉云盘扫码同步下载，最大程度地方便读者进行实践。

（2）配套学习视频

本书涉及的疑难操作均配有高清视频讲解，并以二维码的形式提供给读者，读者只需扫描书中的二维码即可下载观看。

（3）PPT教学课件

配套教学课件，方便教师授课使用。

适用读者群体

- 各高校影视后期专业的学生。
- 想要学习影视后期制作知识的职场小白。
- 培训机构的师生。

本书由上海市信息管理学校的卢琛编写，在编写过程中力求严谨细致，但由于时间与精力有限，疏漏之处在所难免，望广大读者批评指正。

编 者

扫码获取配套资源

目录

第1章 Premiere Pro 基础入门

- 1.1 影视后期的制作流程 ··· 2
- 1.2 影视后期制作常用术语 ··· 2
- 1.3 影视后期制作软件 ··· 4
  - 1.3.1 After Effects ··· 4
  - 1.3.2 Premiere Pro ··· 4
  - 1.3.3 会声会影 ··· 5
  - 1.3.4 Photoshop ··· 5
- 1.4 Premiere Pro工作界面 ··· 6
  - 1.4.1 "项目"面板 ··· 6
  - 1.4.2 "监视器"面板 ··· 7
  - 1.4.3 "时间轴"面板 ··· 7
  - 1.4.4 "工具"面板 ··· 8
  - 1.4.5 "效果"面板 ··· 8
  - 1.4.6 "效果控件"面板 ··· 8
- 1.5 自定义工作区 ··· 9
- 1.6 首选项设置 ··· 11
  - 课堂练习 设置素材默认持续时间 ··· 11

强化训练 ··· 13

第2章 素材的创建与管理

2.1 创建素材 16
2.1.1 调整图层 16
2.1.2 彩条 16
2.1.3 黑场视频 17
2.1.4 颜色遮罩 17
2.1.5 通用倒计时片头 18
课堂练习 制作倒计时片头素材 18

2.2 管理素材 21
2.2.1 导入素材 21
2.2.2 打包素材 22
2.2.3 编组素材 23
2.2.4 嵌套素材 23
课堂练习 制作拍照效果 24
2.2.5 重命名素材 29
2.2.6 替换素材 30
课堂练习 制作萌宠图片集 31
2.2.7 失效和启用素材 32
2.2.8 链接媒体 33

强化训练 34

第3章 剪辑和标记

3.1 在监视器中剪辑素材 ·········· 36
- 3.1.1 监视器窗口 ·········· 36
- 3.1.2 播放预览功能 ·········· 38
- 3.1.3 入点和出点 ·········· 38
- 3.1.4 设置标记点 ·········· 38
- 3.1.5 插入和覆盖 ·········· 39
- **课堂练习** 应用素材片段 ·········· 40
- 3.1.6 提升和提取 ·········· 42

3.2 在时间轴中剪辑素材 ·········· 43
- 3.2.1 选择工具和选择轨道工具 ·········· 43
- 3.2.2 剃刀工具 ·········· 44
- 3.2.3 外滑工具 ·········· 45
- 3.2.4 内滑工具 ·········· 46
- 3.2.5 滚动编辑工具 ·········· 46
- 3.2.6 比率拉伸工具 ·········· 48
- **课堂练习** 制作慢镜头 ·········· 49
- 3.2.7 帧定格 ·········· 51
- 3.2.8 帧混合 ·········· 52
- 3.2.9 复制/粘贴素材 ·········· 52
- 3.2.10 删除素材 ·········· 53
- 3.2.11 分离/链接视音频 ·········· 53

强化训练 ·········· 54

第4章 字幕设计

4.1 字幕的创建 ... 56
4.1.1 字幕类型 ... 56
4.1.2 新建字幕 ... 57
课堂练习 制作消散的文字 ... 59

4.2 调整字幕效果 ... 63
4.2.1 认识"旧版标题设计器"面板 ... 63
4.2.2 更改字幕属性 ... 64
课堂练习 制作文字镂空开场 ... 64
4.2.3 创建形状 ... 69
4.2.4 字幕的对齐与分布 ... 69
4.2.5 添加字幕样式 ... 70
课堂练习 制作弹幕效果 ... 70

强化训练 ... 75

第5章 视频过渡效果

5.1 认识视频过渡 ... 78
5.1.1 什么是视频过渡 ... 78
5.1.2 添加视频过渡 ... 78
5.1.3 设置视频过渡 ... 78
课堂练习 制作唯美电子相册 ... 82

5.2 运用视频过渡 ... 87
5.2.1 3D运动 ... 87

- 5.2.2 内滑 ·········· 87
- 5.2.3 划像 ·········· 89
- 5.2.4 擦除 ·········· 90
- 5.2.5 沉浸式视频 ·········· 95
- 5.2.6 溶解 ·········· 95
- 5.2.7 缩放 ·········· 97
- 5.2.8 页面剥落 ·········· 97
- 课堂练习 制作影片开头序幕 ·········· 98

强化训练 ·········· 105

第6章 视频特效

- 6.1 视频特效概述 ·········· 108
  - 6.1.1 内置视频特效 ·········· 108
  - 6.1.2 外挂视频特效 ·········· 108
  - 6.1.3 视频特效参数设置 ·········· 108
- 6.2 关键帧、蒙版和跟踪效果 ·········· 109
  - 6.2.1 添加关键帧 ·········· 109
  - 6.2.2 调整运动效果 ·········· 109
  - 6.2.3 处理关键帧插值 ·········· 110
  - 6.2.4 蒙版和跟踪效果 ·········· 111
  - 课堂练习 遮挡水杯标志 ·········· 111
- 6.3 视频效果的应用 ·········· 114
  - 6.3.1 变换 ·········· 114
  - 6.3.2 图像控制 ·········· 116
  - 6.3.3 实用程序 ·········· 117
  - 6.3.4 扭曲 ·········· 117
  - 6.3.5 时间 ·········· 121
  - 6.3.6 杂色与颗粒 ·········· 122

6.3.7 模糊与锐化 ·········· 124
6.3.8 生成 ·········· 126
6.3.9 视频 ·········· 130
课堂练习 制作进度条效果 ·········· 131
6.3.10 调整 ·········· 134
6.3.11 过时 ·········· 136
6.3.12 过渡 ·········· 138
6.3.13 透视 ·········· 140
6.3.14 通道 ·········· 141
6.3.15 键控 ·········· 144
课堂练习 制作摄像机录制效果 ·········· 146
6.3.16 颜色校正 ·········· 147
6.3.17 风格化 ·········· 150

强化训练 ·········· 154

第7章 音频剪辑

7.1 声道 ·········· 156

7.2 音频控制面板 ·········· 156

7.2.1 音轨混合器 ·········· 156
7.2.2 音频剪辑混合器 ·········· 158
7.2.3 音频关键帧 ·········· 158
课堂练习 添加背景音乐 ·········· 159

7.3 剪辑音频 ·········· 162

7.3.1 调整音频播放速度 ·········· 162
7.3.2 调整音频增益 ·········· 162
7.3.3 音频过渡效果 ·········· 163
课堂练习 制作音频淡入淡出效果 ·········· 164

7.4 音频效果 ·············· 165
7.4.1 音频效果概述 ·············· 165
7.4.2 回声效果 ·············· 168
课堂练习 制作回声效果 ·············· 168
7.4.3 清除噪声 ·············· 169

强化训练 ·············· 170

第 8 章 项目输出

8.1 可输出格式 ·············· 172
8.1.1 可输出的视频格式 ·············· 172
课堂练习 输出MP4格式的视频片段 ·············· 173
8.1.2 可输出的音频格式 ·············· 177
8.1.3 可输出的图像格式 ·············· 177

8.2 输出准备 ·············· 178
8.2.1 设置"时间轴"面板显示比例 ·············· 178
8.2.2 渲染预览 ·············· 178
课堂练习 输出GIF动图 ·············· 179

8.3 输出设置 ·············· 185
8.3.1 导出设置选项 ·············· 185
8.3.2 视频设置选项 ·············· 186
8.3.3 音频设置选项 ·············· 187
课堂练习 制作并输出故障视频 ·············· 188

强化训练 ·············· 195

第9章 制作片头视频

9.1 设计解析 ... 198
9.1.1 设计思想 ... 198
9.1.2 制作手法 ... 198

9.2 制作过程 ... 198
9.2.1 创建并整理素材 ... 198
9.2.2 添加效果 ... 205
9.2.3 渲染输出 ... 212

第10章 制作励志微视频

10.1 设计解析 ... 216
10.1.1 设计思想 ... 216
10.1.2 制作手法 ... 216

10.2 制作过程 ... 216
10.2.1 整理剪辑素材 ... 216
10.2.2 添加文字 ... 224
10.2.3 编辑背景音乐 ... 232
10.2.4 渲染输出 ... 234

参考文献 ... 236

第 1 章

Premiere Pro 基础入门

内容导读

影视后期制作是影视制作过程中非常重要的一环。该步骤可以整合素材并进行处理，使影片最终完整地呈现在观众面前。在影视后期制作过程中，Premiere软件是不可或缺的一款软件。该软件可以更精准便捷地处理素材，使其达到制作要求。本章将对影视后期制作的相关知识及Premiere软件的基础操作进行介绍。

要点难点

- 了解影视后期制作的知识。
- 了解影视后期制作的常用软件。
- 熟悉Premiere软件的工作界面。
- 学会Premiere软件的简单设置。

1.1　影视后期的制作流程

影视后期制作是指对拍摄完成的影片或用软件制作的动画进行后期处理的过程。其制作流程大致可以分为剪辑、特效、音乐、合成等步骤。下面对其进行介绍。

1. 剪辑

剪辑可以分为粗剪和精剪两个步骤。粗剪是对素材进行整理，使素材按脚本的顺序进行拼接，形成一个包括内容情节的粗略影片。精剪是对粗剪素材的进一步加工，修改粗剪视频中不好的部分，再加上一部分特效等，从而完成画面剪辑的工作。

2. 特效

特效制作是影视后期制作中比较关键的步骤，通过特效可以制作一些视觉效果更具冲击力的画面，还可以完善影片中效果不好的部分。

3. 音乐

音乐是影视作品中非常重要的部分。这里的音乐不单指配乐，还包括旁白、对白、音效等。通过这些可以丰富影片效果，增强影片感染力。

4. 合成

完成以上步骤后，就可以合成所有元素，输出完整的影片。

1.2　影视后期制作常用术语

影视后期制作中包括多种术语，了解这些术语可以帮助读者更好地学习影视后期制作技术。下面对常见的术语进行介绍。

1. 帧

帧是指每秒显示的图像数（帧数）。人们在电视中看到的活动画面其实都是由一系列单个图片构成，相邻图片之间的差别很小。这些图片高速连贯起来就成为活动的画面，其中的每一幅图片就是一帧。

2. 帧速率

帧速率就是视频播放时每秒渲染生成的帧数，数值越大，播放越流畅。电影的帧速率是24帧/秒；PAL制式的电视系统帧速率是25帧/秒；NTSC制式的电视系统帧速率是29.97帧/秒。由于技术的原因，NTSC制式在时间码与实际播放时间之间有0.1%的误差，达不到30帧/秒，为了解决这个问题，NTSC制式中有设计掉帧格式，这样就可以保证时间码与实际播放时间一致。

3. 帧尺寸

　　帧尺寸就是形象化的分辨率，是指图像的长度和宽度，单位为像素。PAL制式的电视系统帧尺寸一般分辨率为720×576，NTSC制式的电视系统帧尺寸一般为720×480，HDV的帧尺寸则是1280×720或者1440×1280。

4. 关键帧

　　关键帧是编辑动画和处理特效的核心技术，记载着动画或特效的特征及参数，关键帧之间画面的参数则是由计算机自动运行并添加的。

5. 场

　　场是电视系统中的另一个概念。交错视频的每一帧都是由两个场构成，被称为"上"扫描场和"下"扫描场，这些场依顺序显示在NTSC或PAL制式的监视器上，能够产生高质量的平滑图像。

　　场以水平线分割的方式保存帧的内容，在显示时先显示第一个场的交错间隔内容，然后再选择第二个场来填充第一个场留下的缝隙。也就是说，一帧画面是由两场扫描完成的。

6. 时间码

　　时间码是影视后期编辑和特效处理中视频的时间标准。通常，时间码是用于识别和记录视频数据流中的每一帧，以便在编辑和广播中进行控制。根据动画和电视工程师协会使用的时间码标准，其格式为"小时：分钟：秒：帧"。

7. 纵横比

　　纵横比是指画面的宽高比，一般使用4：3或16：9的比例。如果是计算机中使用的图形图像数据，NTSC制式的电视系统是由486条扫描线和每条扫描线720个取样构成。

　　电影、SDTV和HDTV具有不同的纵横比格式。SDTV的纵横比是4：3或比值为1.33；HDTV和EDTV（扩展清晰度电视）的纵横比是16：9或比值为1.78；电影的纵横比值从早期的1.333发展到宽银幕的2.77。

8. 像素

　　像素是指形成图像的最小单元，如果把图像不断地放大就会看到，它是由很多小正方形构成的。像素具有颜色信息，可以用bit来度量。例如，1bit可以表现黑白两种颜色，2bit则可以表示4种颜色。通常所说的24位视频，是指具有16 777 216个颜色信息的视频。

1.3 影视后期制作软件

影视后期制作的过程中,用户可以综合使用多个软件处理影片,以便达到最佳制作效果。常用的影视后期制作软件包括After Effects、Premiere Pro、会声会影、Photoshop等。下面对这些常用软件进行介绍。

1.3.1 After Effects

After Effects是Adobe公司旗下一款非线性视频特效制作软件。该软件主要用于制作特效,可以帮助用户创建动态图形和精彩的视觉效果。该软件与三维软件结合使用,可以使作品呈现更为夺目的效果,动态特效如图1-1所示。

图 1-1

1.3.2 Premiere Pro

Premiere软件是由Adobe公司出品的一款非线性音视频编辑软件,主要用于剪辑视频,同时具有调色、字幕、简单特效制作、简单的音频处理等常用功能。

从功能上看,该软件与Adobe公司旗下的其他软件兼容性较好,画面质量也较高,因此被广泛应用。经过Premiere软件后期调色制作出的效果如图1-2所示。

图 1-2

1.3.3 会声会影

会声会影是一款功能强大的视频编辑软件,具有图像抓取和编修功能。该软件出自Corel公司,操作简单、功能丰富,适合家庭日常使用。相比于EDIUS、Adobe Premiere、Adobe After Effects等视频处理软件来说,会声会影在专业性上略有逊色。图1-3所示为使用会声会影软件制作的电子相册效果展示。

图 1-3

1.3.4 Photoshop

Photoshop软件与After Effects、Premiere软件同属于Adobe公司,是一款专业的图像处理软件。该软件主要处理由像素构成的数字图像,在影视后期制作中,该软件可以与After Effects、Premiere软件协同工作,满足日益复杂的视频制作需求。使用Photoshop软件制作的图像效果如图1-4所示。

图 1-4

1.4 Premiere Pro工作界面

Premiere软件的工作界面包括多个工作区,用户可以根据需要选择不同的工作区。图1-5所示为选择"效果"工作区时的工作界面。本节将针对一些常用面板进行介绍。

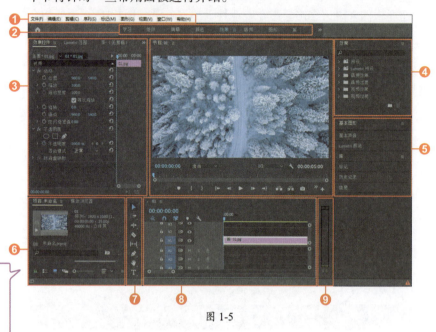

图 1-5

❶菜单栏 ❷工作区
❸效果控件、Lumetri范围、源监视器、音频剪辑混合器面板组 ❹效果面板
❺基本图形、基本声音、Lumetri颜色、库、标记、历史记录、信息面板组
❻项目、媒体浏览器面板组
❼工具面板 ❽时间轴面板
❾音频仪表面板

1.4.1 "项目"面板

"项目"面板中存放着项目媒体文件的链接。用户可以在"项目"面板中找到所有使用到的媒体文件,并对其中的媒体文件进行搜索、管理等操作。图1-6所示为浮动的"项目"面板。

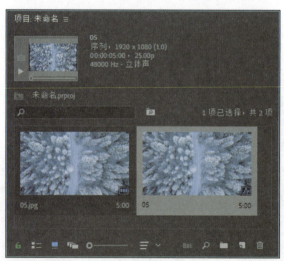

图 1-6

> **操作技巧**
>
> 在"图标视图"状态下,单击"排列图标"按钮,在弹出的菜单中执行命令设置图标的排序方式。

1.4.2 "监视器"面板

软件中有"源监视器"和"节目监视器"两种监视器面板,这两种监视器面板的样式非常相似,但作用有极大的不同。其中,"源监视器"面板主要用于查看和剪辑原始素材,如图1-7所示;而"节目监视器"面板则主要用于查看媒体素材编辑合成后的效果,便于用户进行预览及调整,如图1-8所示。

图 1-7

图 1-8

1.4.3 "时间轴"面板

"时间轴"面板是Premiere软件中重要的编辑面板,大部分编辑媒体素材的操作都可以在该面板中进行。如图1-9所示为浮动的"时间轴"面板。

❶播放指示器位置
❷时间标尺
❸播放指示器
❹缩放滚动条

图 1-9

该面板中部分控件的作用如下。

- **播放指示器位置**：播放指示器位置显示"时间轴"面板中当前帧的时间码。单击"播放指示器位置"并输入新的时间，可以移动播放指示器至输入的时间。用户还可将鼠标指针移动至"播放指示器位置"，按住鼠标左键左右拖动进行调整。
- **时间标尺**：用于序列时间的水平测量。指示序列时间的数字沿标尺从左到右显示。随着用户查看序列的细节级别变化，这些数字也会随之变化。
- **播放指示器**：播放指示器指示"节目监视器"面板中显示的当前帧。用户可以通过拖动播放指示器来更改当前帧。
- **缩放滚动条**：用于控制时间标尺的比例。该滚动条对应于时间轴上时间标尺的可见区域，用户可以拖动控制柄更改滚动条的宽度及时间标尺的比例。

1.4.4 "工具"面板

"工具"面板是用于存放编辑时间轴面板中素材的工具。

1.4.5 "效果"面板

"效果"面板主要用于设置媒体特效效果，包括视频效果、视频过渡、音频效果、音频过渡等。用户可以展开相应的效果进行应用。图1-10所示为浮动的"效果"面板。

图 1-10

1.4.6 "效果控件"面板

"效果控件"面板主要用于设置选中素材的视频效果。用户既可以对素材固定的运动、不透明度等效果进行设置，也可以对添加的效果及过渡效果进行设置。图1-11所示为浮动的"效果控件"面板。

> **知识拓展**
>
> 在"效果"面板中，用户还可以通过"加速效果"、"32位颜色"、"YUV效果"三种效果类型的过滤器更方便地搜索相应类别的效果。其中，"加速效果"类型的效果回放将实时进行，不需要渲染；"32位颜色"类型的效果应用于高位深度资源时，可以用32bpc像素渲染这些效果，与使用先前的标准8位/声道像素进行渲染相比，这些资源的颜色分辨率将提高，而颜色渐变将更平滑；"YUV效果"类型的效果可以直接处理YUV值，而不会首先将其转换为RGB，像素值不会转换为RGB，也不会产生不必要的变色。

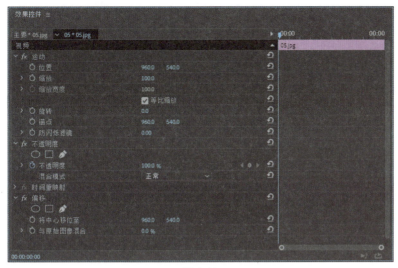

图 1-11

1.5 自定义工作区

使用Premiere软件时，用户可以根据自身习惯自定义工作区并进行保存。下面对自定义工作区的部分常用操作进行介绍。

1. 选择工作区

软件中预设了多种工作区，用户可以根据需要进行切换。执行"窗口"|"工作区"命令，在其子菜单中执行命令选择相应的工作区即可，如图1-12所示。用户也可以单击工作界面中"工作区"区域的相应按钮进行切换。

> **操作技巧**
>
> 单击"效果控件"面板中各效果左侧的"切换效果开关"按钮 fx，可以启用或停用该效果。

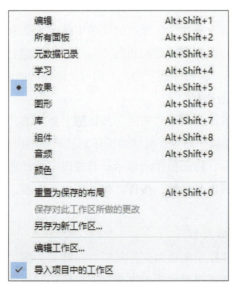

图 1-12

2. 保存工作区

修改当前工作区时，软件会保存最新的布局，用户可以将改变后的布局另存为自定义工作区，即可在"工作区"菜单中选择应用。

改变工作区布局后，执行"窗口"|"工作区"|"另存为新工作区"命令，打开"新建工作区"对话框，如图1-13所示。在该对话框中设置名称后单击"确定"按钮，即可保存自定义工作区，如图1-14所示。

图 1-13

图 1-14

3. 调整面板

使用Premiere软件时，用户可以根据个人习惯自由地调整面板。下面对其进行介绍。

1）打开或关闭面板

执行"窗口"命令，在弹出的菜单中执行子命令，即可打开对应的面板。移动鼠标指针至面板的"拓展"按钮 上并单击，在弹出的菜单中执行"关闭面板"命令，即可关闭相应的面板。

2）调整面板布局

移动鼠标指针至面板"拓展"按钮 上并单击，在弹出的菜单中执行"浮动面板"命令，可将面板浮动显示；用户也可以按住Ctrl键拖动面板名称，将面板浮动显示；若想固定浮动面板，可将鼠标指针置于浮动面板名称处，按住并将其拖曳至面板、组或窗口的边缘即可。

3）调整面板大小

当鼠标指针置于面板组交界处时，指针变为 状，按住鼠标左键进行拖动，即可改变面板的大小。若鼠标指针位于相邻面板组之间的隔条处，此时指针为 状，按住鼠标左键拖动可改变该相邻面板组的大小。

1.6 首选项设置

使用软件之前，用户可以对软件的常规选项、外观等进行设置，以便更好地应用软件进行工作。该操作主要通过"首选项"对话框来实现。执行"编辑"|"首选项"命令，在弹出的菜单栏中执行子命令，即可打开"首选项"对话框，如图1-15所示。

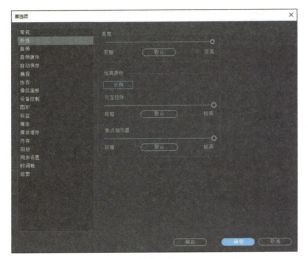

> **操作技巧**
>
> 调整完首选项中的参数后，若想恢复默认设置，在启动程序时按住Alt键至出现启动画面即可。

图 1-15

课堂练习 设置素材默认持续时间

将素材添加至"时间轴"面板中时，除了音视频等自带时长的素材外，静止图形一般保持默认持续时间。下面将以素材默认持续时间为例，对时间轴素材进行设置。

步骤 01 打开Premiere软件，执行"编辑"|"首选项"|"时间轴"命令，打开"首选项"对话框"时间轴"对话框，如图1-16所示。

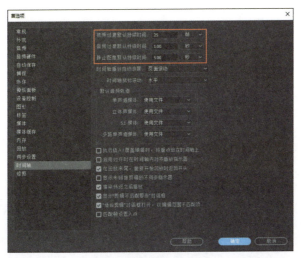

图 1-16

步骤 02 在该对话框中设置"视频过渡默认持续时间"为2.00秒,"音频过渡默认持续时间"为2.00秒,"静止图像默认持续时间"为10.00秒,如图1-17所示。

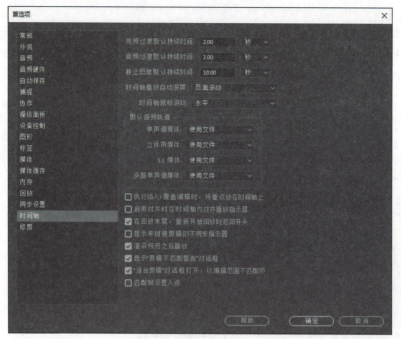

图 1-17

完成后单击"确定"按钮,即可完成素材默认持续时间的设置。

强化训练

1. 项目名称
设置自动保存时间间隔。

2. 项目分析
自动保存是影视后期制作软件的一个非常重要的功能,该操作可以帮助我们找回因系统崩溃或其他意外事件来不及保存的文件。现需设置自动保存时间间隔为20分钟。用户可以通过"首选项"对话框进行设置。

3. 项目效果
设置完成后的"首选项"对话框如图1-18所示。

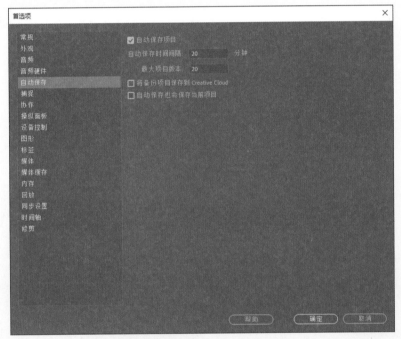

图 1-18

4. 操作提示
①执行"编辑"|"首选项"|"自动保存"命令,打开"首选项"对话框"自动保存"选项卡。

②设置"自动保存时间间隔"为20分钟。

③单击"确定"按钮应用设置。

第 2 章

素材的创建与管理

内容导读

素材是影视剪辑最重要的内容,只有先拥有素材,才可以实现剪辑操作。本章将针对素材的创建与管理进行介绍。通过本章的学习,读者可以学会创建调整图层、颜色遮罩,掌握导入素材、嵌套素材等管理素材的方法。

要点难点

- 学会创建素材。
- 学会导入素材。
- 掌握管理素材的方法。

2.1 创建素材

素材是使用Premiere软件编辑视频的基础。用户可以通过导入外部素材或在软件中创建素材来使用。下面对部分可在软件中创建的素材进行介绍。

2.1.1 调整图层

调整图层是一种特殊的素材，在软件中表现为透明的图层。用户可以通过在调整图层上添加效果，影响"时间轴"面板中位于该素材以下的素材的效果。

单击"项目"面板底部的"新建项"按钮，在弹出的快捷菜单中执行"调整图层"命令，打开"调整图层"对话框，如图2-1所示。在该对话框中设置参数后，单击"确定"按钮，即可根据设置创建调整图层。

> **操作技巧**
>
> 用户也可以右击"项目"面板的空白处，在弹出的快捷菜单中执行"新建项目"|"调整图层"命令新建调整图层。

图 2-1

2.1.2 彩条

彩条包含色条和1-kHz色调的一秒钟剪辑，可以作为视频和音频设备的校准参考。单击"项目"面板底部的"新建项"按钮，在弹出的快捷菜单中执行"彩条"命令，打开"新建彩条"对话框，如图2-2所示。在该对话框中设置参数后，单击"确定"按钮，即可根据设置创建彩条，使用后在"节目监视器"面板中可观看效果，如图2-3所示。

> **知识拓展**
>
> 使用Premiere软件还可以创建HD彩条，与彩条相比，HD彩条符合ARIB STD-B28标准，可用于校准音视频输出。

图 2-2

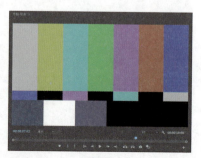

图 2-3

2.1.3 黑场视频

"黑场视频"命令用于创建一个黑色素材。单击"项目"面板底部的"新建项"按钮，在弹出的快捷菜单中执行"黑场视频"命令，打开"新建黑场视频"对话框，如图2-4所示。在该对话框中设置参数后，单击"确定"按钮，即可创建黑场视频素材。调整黑场视频素材的透明度和混合模式，可以影响"时间轴"面板中位于该素材以下的素材的显示。

图 2-4

2.1.4 颜色遮罩

"颜色遮罩"命令用于创建不同颜色的剪辑。单击"项目"面板底部的"新建项"按钮，在弹出的快捷菜单中执行"颜色遮罩"命令，打开"新建颜色遮罩"对话框，如图2-5所示。在该对话框中设置参数后，单击"确定"按钮，打开"拾色器"对话框，设置颜色，如图2-6所示，完成后单击"确定"按钮，打开"选择名称"对话框设置颜色遮罩的名称，然后单击"确定"按钮，即可创建相应颜色的颜色遮罩。

图 2-5

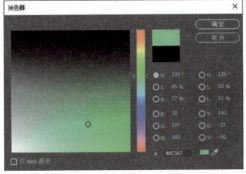

图 2-6

2.1.5 通用倒计时片头

倒计时片头可以帮助电视播放员确认音频和视频工作是否正常且同步。用户可以通过"通用倒计时片头"命令，创建通用倒计时片头。

单击"项目"面板底部的"新建项"按钮，在弹出的快捷菜单中执行"通用倒计时片头"命令，打开"新建通用倒计时片头"对话框，如图2-7所示。在该对话框中设置参数后，单击"确定"按钮，打开"通用倒计时设置"对话框，如图2-8所示。在该对话框中设置参数后，单击"确定"按钮，即可创建通用倒计时片头。

图 2-7

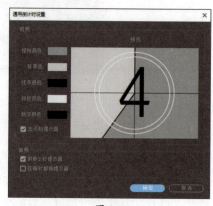

图 2-8

"通道倒计时设置"对话框中各选项的作用如下。
- **擦除颜色**：用于指定擦除区域的颜色。
- **背景色**：用于指定颜色后的区域颜色。
- **线条颜色**：用于指定指示线的颜色，即水平和垂直线条的颜色。
- **目标颜色**：用于显示准星的颜色，即数字周围的双圆形颜色。
- **数字颜色**：用于指定倒数数字的颜色。
- **出点时提示音**：选择该复选框后将在片头的最后一帧中显示提示圈。
- **倒数2秒提示音**：选择该复选框后将在数字2后播放提示音。
- **在每秒都响提示音**：选择该复选框后将在每秒开始时播放提示音。

课堂练习 制作倒计时片头素材

倒计时片头是短片中常用的素材片段，用户可以直接通过软件创建通用倒计时片头。下面以倒计时片头素材的制作为例，介绍通用倒计时片头的创建方法。

步骤01 打开Premiere软件，执行"文件"|"新建"|"项目"命令，打开"新建项目"对话框，设置项目名称及位置参数，如图2-9所示，然后单击"确定"按钮新建项目。

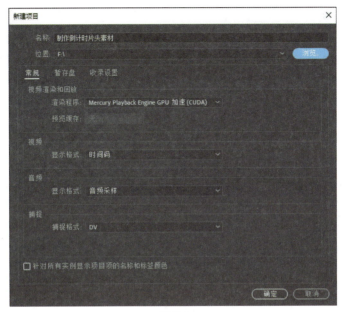

图 2-9

步骤02 执行"文件"|"新建"|"序列"命令，打开"新建序列"对话框，切换至"设置"选项卡，自定义序列，如图2-10所示，然后单击"确定"按钮新建序列。

图 2-10

步骤03 单击"项目"面板底部的"新建项"按钮，在弹出的快捷菜单中执行"通用倒计时片头"命令，打开"新建通用倒计时片头"对话框，保持默认设置，单击"确定"按钮。打开"通用倒计时设置"对话框，设置"擦除颜色"为#FFD06A，如图2-11所示。

步骤 04 单击"背景色"右侧的色块,打开"拾色器"对话框,设置颜色为#629FD3,单击"确定"按钮,切换至"通用倒计时设置"对话框,如图2-12所示。

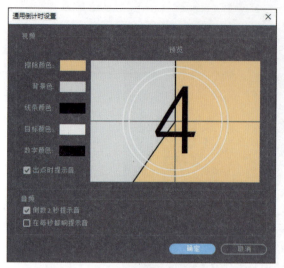

图 2-11　　　　　　　　　　　　　图 2-12

步骤 05 使用相同的方法,设置线条颜色为白色,目标颜色为#FFAB3D,数字颜色为白色,如图2-13所示。

步骤 06 单击"确定"按钮,创建通用倒计时片头素材,如图2-14所示。

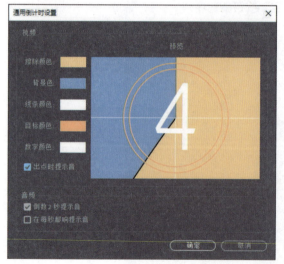

图 2-13　　　　　　　　　　　　　图 2-14

至此,倒计时片头素材制作完成。

知识拓展

序列可以规定输出视频的尺寸与输出质量,当添加不同格式和尺寸的素材时,通过新建序列可以保证输出时的品质。

2.2 管理素材

制作影片时往往会用到大量素材，除了软件自身可创建的素材外，用户还可以通过导入外部素材进行创作。对导入和创建的素材进行管理，可以更好地查找与应用素材。下面对此进行介绍。

2.2.1 导入素材

Premiere软件支持使用多种方式导入不同类型和格式的素材。下面对常用的3种导入素材的方式进行介绍。

1. 通过"导入"命令导入素材

执行"文件"|"导入"命令或按Ctrl+I组合键，打开"导入"对话框，如图2-15所示。选中要导入的素材，单击"打开"按钮，即可将选中的素材导入到"项目"面板中。

图 2-15

用户也可以在"项目"面板的空白处右击，在弹出的快捷菜单中执行"导入"命令，如图2-16所示；或在"项目"面板的空白处双击鼠标左键，打开"导入"对话框，选择需要的素材导入即可。

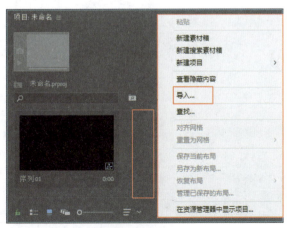

图 2-16

2. 通过"媒体浏览器"面板导入素材

在"媒体浏览器"面板中找到要导入的素材文件，如图2-17所示。移动鼠标指针至要导入的素材处，右击鼠标，在弹出的快捷菜单中执行"导入"命令即可将选中的素材导入到"项目"面板中。用户也可以直接拖曳"媒体浏览器"面板中的素材至"时间轴"面板中进行应用。

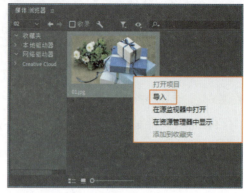

图 2-17

操作技巧

在"媒体浏览器"面板中双击要导入的素材，即可在"源监视器"面板中打开该素材。

3. 直接拖入外部素材

除了以上导入素材的方式外，还可以直接在素材文件夹中选中素材，然后将其拖曳至"项目"面板或"时间轴"面板中。

2.2.2 打包素材

打包素材可以将文档中使用过的素材打包存储，方便文件移动位置后进行编辑修改，也可避免文件移动位置后出现素材缺失等现象。

执行"文件"|"项目管理器"命令，打开"项目管理器"对话框，如图2-18所示。在该对话框中设置参数后，单击"确定"按钮，即可完成素材的打包操作。

知识拓展

若导入的素材对象在"节目监视器"中显示过小，可以在"时间轴"面板中选中素材并右击，在弹出的快捷菜单中执行"设为帧大小"或"缩放为帧大小"命令，即可缩放选中的素材。其中，"缩放为帧大小"命令将栅格化素材重新排列像素改变素材大小；而"设为帧大小"命令将更改"效果控件"面板中的"缩放"参数来改变素材大小。

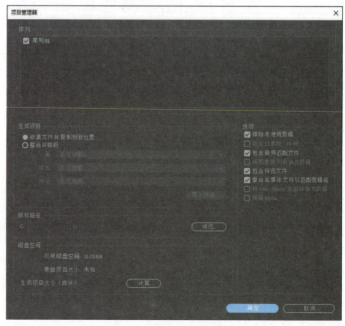

图 2-18

2.2.3 编组素材

"编组"命令可以将多个素材片段组合成一个整体，进行移动和复制操作。选中"时间轴"面板中要编组的素材，右击鼠标，在弹出的快捷菜单中执行"编组"命令，即可将其编组。编组后，选中其中一个素材，其他素材也将被选中，如图2-19所示。

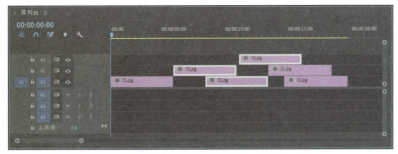

图 2-19

若想取消素材的编组，将其选中后右击鼠标，在弹出的快捷菜单中执行"取消编组"命令即可。

2.2.4 嵌套素材

"嵌套"命令和"编组"命令常用于处理多个素材。与"编组"命令不同的是，"嵌套"命令可以将多个或单个片段合成为一个序列进行操作。

在"时间轴"面板中选中要嵌套的多个素材文件，右击鼠标，在弹出的快捷菜单中执行"嵌套"命令，打开"嵌套序列名称"对话框，设置嵌套序列名称，单击"确定"按钮，即可将素材文件嵌套，如图2-20所示。

> **知识拓展**
>
> 素材嵌套成为一个序列后将无法取消，若想调整嵌套序列，双击嵌套序列进入其嵌套内部即可进行调整。

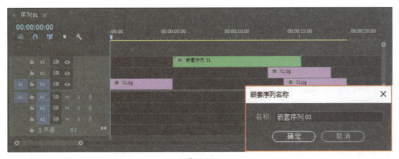

图 2-20

课堂练习　制作拍照效果

素材嵌套可以方便用户处理多个素材。下面以拍照效果的制作为例,对素材的导入及嵌套进行介绍。

步骤01 打开Premiere软件,执行"文件"|"新建"|"项目"命令,打开"新建项目"对话框,设置项目名称及位置参数,如图2-21所示,完成后单击"确定"按钮新建项目。

步骤02 执行"文件"|"新建"|"序列"命令,打开"新建序列"对话框,切换至"设置"选项卡,自定义序列,如图2-22所示,完成后单击"确定"按钮新建序列。

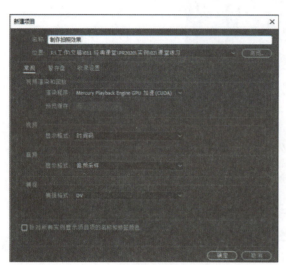
图 2-21

图 2-22

步骤03 执行"文件"|"导入"命令,打开"导入"对话框,选中素材文件"猫.jpg",单击"确定"按钮,导入素材文件,如图2-23所示。

图 2-23

步骤04 选中"项目"面板中的素材文件,将其拖曳至"时间轴"面板的V1轨道中,如图2-24所示。

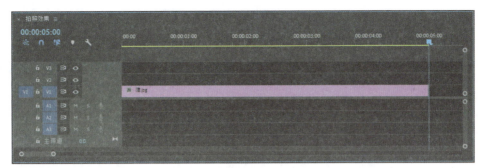

图 2-24

步骤 05 移动播放指示器至00:00:04:00处，按C键切换至"剃刀工具" ，在V1轨道的素材播放指示器处单击裁剪素材，如图2-25所示。

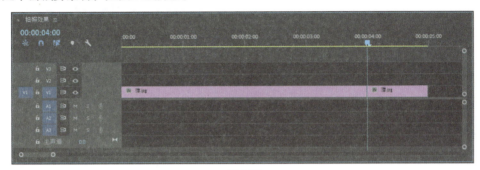

图 2-25

步骤 06 选中V1轨道中第2段素材文件，按住Alt键向上拖曳复制至V2轨道中，效果如图2-26所示。

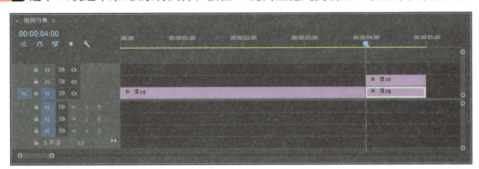

图 2-26

步骤 07 在"效果"面板中搜索"白场过渡"视频过渡效果，将其拖曳至V1轨道中的两段素材之间，效果如图2-27所示。

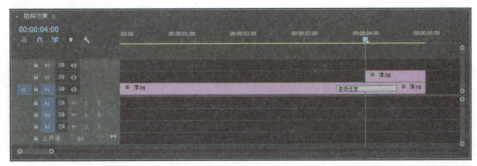

图 2-27

步骤 08 选中"时间轴"面板中的"渐隐为白色"视频过渡效果,在"效果控件"面板中设置持续时间为00:00:00:20,如图2-28所示。

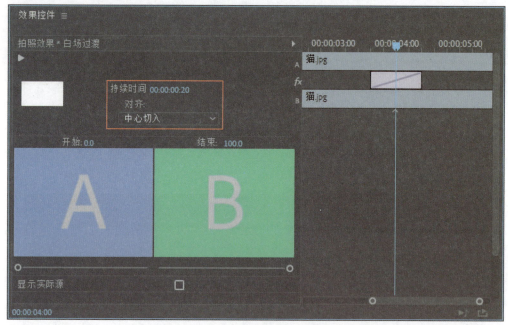

图 2-28

步骤 09 执行"文件"|"新建"|"旧版标题"命令,打开"新建字幕"对话框,设置"名称"为"边框",单击"确定"按钮。打开"字幕"面板,使用"矩形工具" ▇ 绘制与画面等大的矩形,在右侧的"属性"栏中设置"填充"为无,"内描边"颜色为白色,效果如图2-29所示。完成后关闭"字幕"面板。

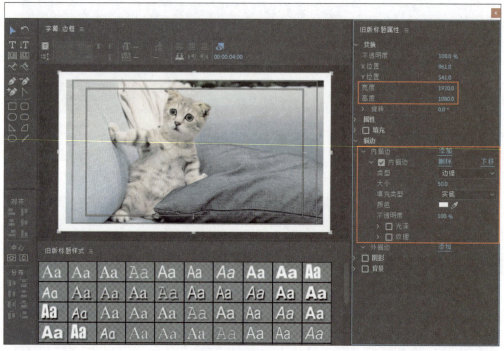

图 2-29

步骤 10 在"项目"面板中选中新建的"边框"字幕素材,拖曳至"时间轴"面板的V3轨道中,调整持续时间与V2轨道中的素材一致,如图2-30所示。

图 2-30

步骤 11 选中V2轨道和V3轨道中的素材,右击鼠标,在弹出的快捷菜单中执行"嵌套"命令,在弹出的"嵌套序列名称"对话框中,设置嵌套序列名称为"照片",单击"确定"按钮,如图2-31所示。

图 2-31

步骤 12 选中嵌套素材,移动播放指示器至"00:00:04:00"处,在"效果控件"面板中单击"缩放"属性和"旋转"属性前的"切换动画"按钮,插入关键帧,如图2-32所示。

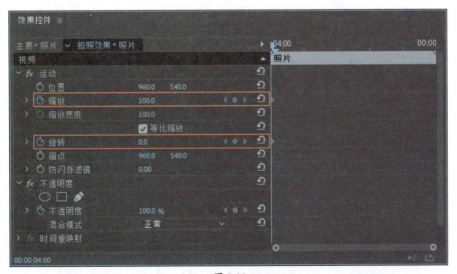

图 2-32

步骤 13 移动播放指示器至"00:00:04:12"处,调整"缩放"属性和"旋转"属性参数,再次添加关键帧,如图2-33所示。

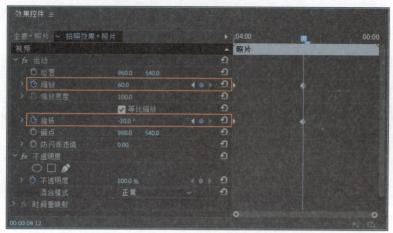

图 2-33

步骤 14 选中"效果控件"面板中的关键帧,右击鼠标,在弹出的快捷菜单中执行"缓入"和"缓出"命令,如图2-34所示。

图 2-34

步骤 15 在"效果"面板中搜索"高斯模糊"效果,将其拖曳至V1轨道中的第2段素材上,在"效果控件"面板中设置"高斯模糊"参数,如图2-35所示。

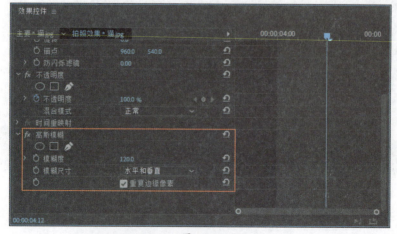

图 2-35

步骤 16 按Ctrl+I组合键导入素材文件"快门.wav",在"项目"面板中选中音频素材文件,将其拖曳至"时间轴"面板的A1轨道中的合适位置,如图2-36所示。

图 2-36

步骤 17 至此,拍照效果制作完成。在"节目监视器"面板中预览,如图2-37所示。

图 2-37

2.2.5 重命名素材

重命名素材可以使素材在编辑过程中更容易识别,方便用户的使用。下面对其进行介绍。

1. 在"项目"面板中重命名素材

选中"项目"面板中要重新命名的素材,执行"剪辑"|"重命名"命令或双击素材名称,进入可编辑状态,输入新名称即可,如图2-38、图2-39所示。

图 2-38

图 2-39

也可以选中素材后按Enter键或右击鼠标，在弹出的快捷菜单中执行"重命名"命令，进入可编辑状态重新命名。

2. 在"时间轴"面板中重命名素材

若素材文件已经添加到"时间轴"面板中，修改"项目"面板中的素材名称后，"时间轴"面板中的素材名称不会随之改变。

选中"时间轴"面板中的素材，执行"剪辑"|"重命名"命令或右击鼠标，在弹出的快捷菜单中执行"重命名"命令，打开"重命名剪辑"对话框，设置素材名称，单击"确定"按钮，即可重命名"时间轴"面板中的素材名称。

2.2.6　替换素材

"替换素材"命令可在替换素材的同时保留原素材设置的效果。

选中"项目"面板中的素材对象，右击鼠标，在弹出的快捷菜单中执行"替换素材"命令，在弹出的"替换素材"对话框中找到并选择合适的素材即可，图2-40、图2-41所示为替换素材前后的效果。

> **知识拓展**
>
> 整理素材时，用户可以通过"素材箱"归纳具有相似性的素材。单击"项目"面板底部的"新建素材箱"按钮■，在"项目"面板中新建素材箱，将素材拖曳至素材箱中即可进行整理归纳。

图 2-40

图 2-41

课堂练习 制作萌宠图片集

"替换素材"命令可以在不改变原素材设置效果的情况下替换掉原素材,方便用户应用。下面以萌宠图片集的制作为例,介绍如何替换素材。

步骤01 打开素材文件"制作萌宠图片集素材.prproj",如图2-42所示。

图 2-42

步骤02 选中"项目"面板中的"风景01.jpg"素材,右击鼠标,在弹出的快捷菜单中执行"替换素材"命令,打开"替换'风景01.jpg'素材"对话框,选择"宠物01.jpg"素材,如图2-43所示。

步骤03 单击"选择"按钮,替换素材文件,效果如图2-44所示。

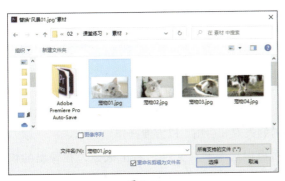

图 2-43

图 2-44

步骤 04 使用相同的方法,依次替换其他素材文件,效果如图2-45所示。

图 2-45

步骤 05 至此,萌宠图片集制作完成。在"节目监视器"面板中预览效果,如图2-46所示。

图 2-46

2.2.7 失效和启用素材

处理素材时,大量的素材会造成操作上的卡顿,用户可以通过"启用"命令控制素材的失效和启用,以方便操作。

在"时间轴"面板中选中素材文件,右击鼠标,在弹出的快捷菜单中执行"启用"命令,此时素材画面变为黑色,如图2-47所示。若想启用失效素材,可以使用相同的操作再次执行"启用"命令,即可重新显示素材画面,如图2-48所示。

图 2-47

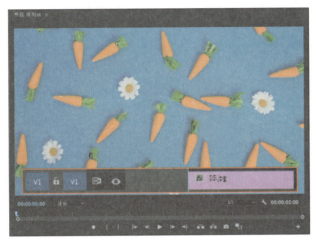

图 2-48

2.2.8 链接媒体

当项目中存在脱机素材时,在"项目"面板中选中该素材,右击鼠标,在弹出的快捷菜单中执行"链接媒体"命令,打开"链接媒体"对话框,如图2-49所示。单击"查找"按钮,在打开的"查找文件"对话框中找到所需的素材后,单击"确定"按钮,即可重新链接该素材,恢复其正常显示。

图 2-49

强化训练

1. 项目名称

　　整理素材。

2. 项目分析

　　素材是剪辑设计与制作中最重要的资源之一。当文档中存在过多素材时，为了更好地区分与应用，用户可以对素材进行整理。现需整理影片中的素材文件。通过重命名素材可以更好地区分素材；通过素材箱可以将素材文件归类；通过打包素材可以将素材整体存储。

3. 项目效果

　　整理完成后的效果如图2-50、图2-51所示。

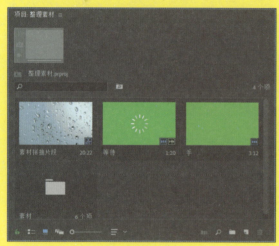

　　　　图 2-50　　　　　　　　　　　　图 2-51

4. 操作提示

　　①打开素材文件，在"项目"面板中重命名素材。

　　②新建素材箱，整理素材。

　　③执行"文件"|"项目管理"命令，打包存储文件。

第3章

剪辑和标记

内容导读

剪辑是Premiere最基础也是最重要的功能。在剪辑视频时,用户可以选取素材片段的高光部分重新组合,使素材呈现出新的生机。本章针对素材的剪辑与标记进行介绍。通过本章的学习,读者可了解剪辑与标记的操作,掌握素材剪辑的方法。

要点难点

- 了解监视器面板。
- 掌握剪辑的多种方法。

3.1　在监视器中剪辑素材

监视器窗口包括"节目监视器"面板和"源监视器"面板两种类型。这两种监视器面板各自具有其特殊的作用,下面对其进行介绍。

3.1.1　监视器窗口

本节将对"节目监视器"面板和"源监视器"面板进行介绍。

1. "节目监视器"面板

"节目监视器"面板主要用于预览最终输出的视频效果,即时间轴序列中已经编辑的素材,如图3-1所示。

图 3-1

该面板中部分按钮的作用如下。

- **选择缩放级别**:用于设置"节目监视器"面板中视频显示的大小。
- **选择回放分辨率**:用于设置预览播放时显示视频的分辨率,该设置不影响影片最终生成的质量。
- **设置**:单击该按钮,在弹出的快捷菜单中执行命令可以设置"节目监视器"面板的显示及其他参数。
- **添加标记**:用于标注素材文件需要编辑的位置。
- **标记入点**:用于设置编辑素材的起始位置。
- **标记出点**:用于设置编辑素材的结束位置。
- **转到入点**:用于将播放指示器快速移动到入点处。
- **后退一帧(左侧)**:用于将播放指示器向左移动一帧。

- **播放-停止切换** ▶：用于播放或停止播放。
- **前进一帧（右侧）** ▶：用于将播放指示器向右移动一帧。
- **转到出点**：用于将播放指示器快速移动到出点处。
- **提升**：单击该按钮，将删除目标轨道中出入点之间的素材片段，而不影响前、后素材以及其他轨道上的素材位置。
- **提取**：单击该按钮，将删除时间轴中位于出入点之间的所有轨道中的片段，并将后方素材前移。
- **导出帧**：单击该按钮，可将当前帧导出为静态图像，选中"导入到项目中"复选框可将图像导入到"项目"面板中。
- **按钮编辑器**：单击该按钮，可以在弹出的"按钮编辑器"对话框中自定义"节目监视器"面板中的按钮。

2. **"源监视器"面板**

"源监视器"面板主要用于预览和剪裁"项目"面板中选中的原始素材。双击"项目"面板中的原始素材，即可在"源监视器"面板中预览该素材，如图3-2所示。

图 3-2

"源监视器"面板中大部分按钮与"节目监视器"面板中的按钮一致，部分不一致的按钮作用如下。

- **仅拖动视频**：按住鼠标拖曳该按钮可仅拖曳视频进行应用。
- **仅拖动音频**：按住鼠标拖曳该按钮可仅拖曳音频进行应用。
- **插入**：单击该按钮，当前选中的素材将其插入到"时间轴"面板播放指示器后原素材中间。
- **覆盖**：单击该按钮，插入的素材将覆盖"时间轴"面板播放指示器后原有的素材。

3.1.2 播放预览功能

在监视器面板中单击"播放-停止切换"按钮▶即可播放或停止播放素材。在监视器面板底部可以对素材的长度信息及显示大小、清晰度等进行调整。图3-3所示为"源监视器"面板底部。

图 3-3

其中，左侧的蓝色时间数值表示播放指示器所在位置的时间，右侧的白色时间数值表示视频入点和出点之间的时间长度。

若想调整窗口中视频显示的大小，可以在左侧的"选择缩放级别"列表中选择合适的参数。若选择"适合"选项，则无论窗口大小，影片显示的大小都将与显示窗口匹配，从而显示完整的影片内容。

3.1.3 入点和出点

入点和出点是定义剪辑或序列的某一特定部分。入点是序列的第一个帧，出点是序列的最后一帧。在"源监视器"面板中设置入点和出点位置后，入点与出点范围之外的内容便被裁切出去，重新导入至"时间轴"面板中后，入点与出点范围之外的内容将不会显示。

3.1.4 设置标记点

标记可以帮助用户指示重要的时间点，方便用户更好地管理素材。下面对标记的相关操作进行介绍。

1. 添加标记

在监视器面板或"时间轴"面板中，将播放指示器移动到需要标记的位置，单击"添加标记"按钮或按M键，即可在播放指示器处添加标记，如图3-4所示。

图 3-4

2. 跳转标记

若素材上存在多个标记,右击监视器面板或"时间轴"面板中的时间标尺,在弹出的快捷菜单中选择"转到下一个标记"命令或"转到上一个标记"命令,播放指示器便会自动跳转到对应的位置。

3. 编辑标记

在"编辑标记"对话框中,用户可以更改标记的名称、颜色、注释等信息。双击或右击标记按钮■,在弹出的快捷菜单中执行"编辑标记"命令,即可打开"编辑标记"对话框,如图3-5所示进行标记。

图 3-5

4. 删除标记

若想删除添加的标记,右击监视器面板或"时间轴"面板中的时间标尺,在弹出的快捷菜单中执行"清除所选的标记"命令或"清除所有标记"命令,即可删除相应的标记。

3.1.5 插入和覆盖

"插入"和"覆盖"命令都可以将"源监视器"面板中的素材放置到"时间轴"面板中。其不同之处在于,执行"插入"命令将素材插入到"时间轴"面板中时,原素材将在播放指示器所在处断开,播放指示器右侧的素材向右推移;而执行"覆盖"命令插入素材时,将覆盖播放指示器右侧原有的素材。下面对其具体用法进行介绍。

1. 插入

选择"源监视器"面板，执行"剪辑"|"插入"命令或单击"源监视器"面板中的"插入"按钮，原素材将断开，"源监视器"面板中的素材就会插入到断开处，如图3-6所示。

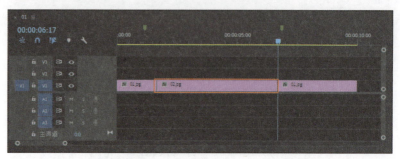

图 3-6

2. 覆盖

选择"源监视器"面板，执行"剪辑"|"覆盖"命令或单击"源监视器"面板中的"覆盖"按钮，原素材将断开，"源监视器"面板中的素材就会覆盖播放指示器右侧的素材，如图3-7所示。

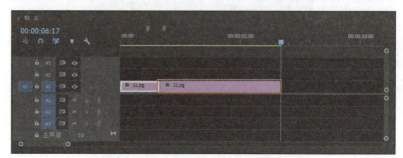

图 3-7

课堂练习　应用素材片段

应用素材片段时，用户可以通过"源监视器"面板剪辑素材，以获得更加适合的素材片段。下面以素材片段的应用为例，对入点和出点的创建及素材的插入进行介绍。

步骤01 打开Premiere软件，执行"文件"|"新建"|"项目"命令，打开"新建项目"对话框，设置项目名称及位置参数，如图3-8所示。完成后单击"确定"按钮新建项目。

步骤02 执行"文件"|"新建"|"序列"命令，打开"新建序列"对话框，切换至"设置"选项卡，自定义序列，如图3-9所示。完成后单击"确定"按钮新建序列。

步骤03 执行"文件"|"导入"命令，导入素材文件"落日.mp4"，如图3-10所示。

步骤04 双击"项目"面板中的素材文件，在"源监视器"面板中打开该素材，如图3-11所示。

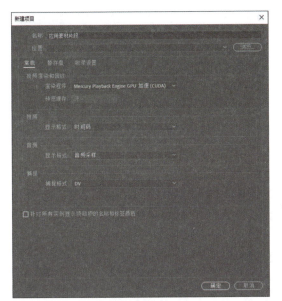

图 3-8

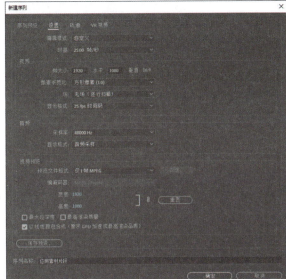

图 3-9

图 3-10

图 3-11

步骤 05 单击"源监视器"面板中的"播放-停止切换"按钮 ，先播放预览素材片段，如图3-12、图3-13所示。

图 3-12

图 3-13

步骤 06 移动"源监视器"面板中的播放指示器至00:00:13:14位置处,此时帆船刚刚移出画面,单击"标记入点"按钮创建入点,如图3-14所示。

步骤 07 移动"源监视器"面板中的播放指示器至00:00:23:13位置处,单击"标记出点"按钮创建出点,设置素材片段持续时间为10秒,如图3-15所示。

图 3-14

图 3-15

步骤 08 在"时间轴"面板中移动播放指示器至00:00:10:00位置处,单击"源监视器"面板中的"插入"按钮,插入素材片段,如图3-16所示。

图 3-16

至此,素材片段的应用制作完成。

3.1.6 提升和提取

"提升"和"提取"命令可以帮助用户删除"节目监视器"面板中的素材片段。其中,执行"提升"命令只会删除目标轨道中入点及出点之间的素材片段,对其前后的素材以及其他轨道上的素材的位置都不产生影响;执行"提取"命令则会删除位于入点及出点之间的所有轨道上的素材片段,且会将后面的素材前移。下面对其具体用法进行介绍。

1. 提升

在"节目监视器"面板中添加入点和出点,执行"序列"|"提

升"命令或单击"节目监视器"面板中的"提升"按钮，即可删除目标轨道上入点及出点之间的素材片段，如图3-17、图3-18所示。

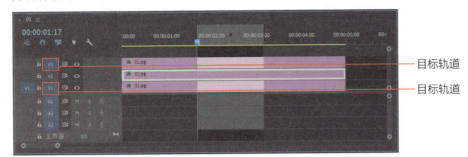

图 3-17

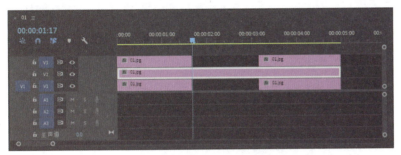

图 3-18

2. 提取

在"节目监视器"面板中添加入点和出点，执行"序列"|"提取"命令或单击"节目监视器"面板中的"提取"按钮，即可删除入点及出点之间的素材片段，并左移右侧的素材，如图3-19所示。

图 3-19

3.2 在时间轴中剪辑素材

在"时间轴"面板中可以进行大部分的编辑操作，这些操作离不开工具的应用。下面对常用的工具及快捷命令进行介绍。

3.2.1 选择工具和选择轨道工具

使用"选择工具"和选择轨道工具都可以在轨道中选择素材并对其位置进行调整。其不同之处在于，选择轨道工具可以选择箭头方向上的所有素材。

单击"工具"面板中的"向前选择轨道工具"按钮，在"时间轴"面板的素材上单击，即可选中箭头所在位置同方向的所有素材，如图3-20所示。

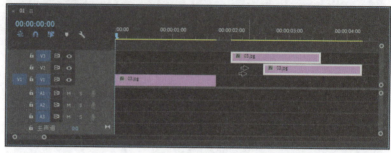

图 3-20

长按"工具"面板中的"向前选择轨道工具"按钮，选择"向后选择轨道工具"按钮，在"时间轴"面板中的素材上单击，同样可以选中箭头所在位置同方向的所有素材，如图3-21所示。

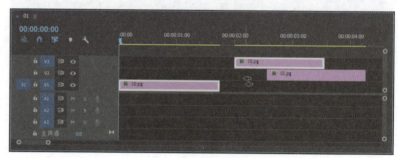

图 3-21

> **操作技巧**
>
> 在"时间轴"面板中单击"对齐"按钮，当选择剃刀工具靠近播放指示器或其他素材入点、出点时，剪切点会自动移动到播放指示器或入点、出点所在处，并从该处剪切素材。

3.2.2 剃刀工具

"剃刀工具"用于裁切"时间轴"面板中的素材片段。单击"工具"面板中的"剃刀工具"按钮或按C键切换至剃刀工具，在"时间轴"面板中要裁切的素材上单击即可将素材分为两段，如图3-22、图3-23所示。

> **知识拓展**
>
> 选择"剃刀工具"后，按住Shift键在"时间轴"面板中单击鼠标，将在该位置剪切所有轨道中的素材。

图 3-22

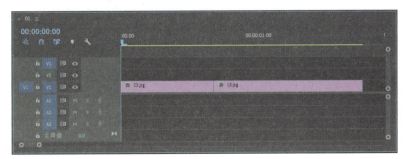

图 3-23

3.2.3 外滑工具

使用"外滑工具" 可通过一次操作将剪辑的入点和出点前移或后移相同的帧数，而不改变其持续时间，也不影响相邻素材。

选择"外滑工具" ，移动鼠标指针至"时间轴"面板中需要剪辑的素材片段上，当鼠标指针呈 状时，按住鼠标左键并拖动即可对素材入点和出点进行修改，如图3-24所示。此时，"节目监视器"面板中将显示前一片段的出点、后一片段的入点及画面帧数等信息，如图3-25所示。

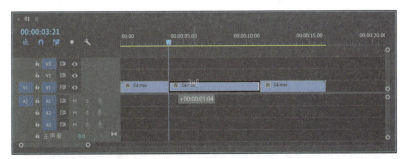

图 3-24

> **操作技巧**
>
> 使用"外滑工具" 时，入点前和出点后需要有预留出的余量供调节使用。

图 3-25

3.2.4 内滑工具

"内滑工具" 可以在保持剪辑的入点和出点不变的情况下移动剪辑，同时修剪前一个剪辑的出点和后一个剪辑的入点以补偿移动，保证影片总长度不变。

选择"内滑工具"，移动鼠标指针至"时间轴"面板中需要剪辑的素材片段上，当鼠标指针呈 状时，按住鼠标左键并拖动即可对素材入点和出点进行修改，如图3-26所示。此时，"节目"监视器面板中会显示被调整片段的出点与入点以及未被编辑的出点与入点，如图3-27所示。

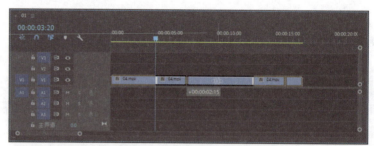

图 3-26

> **操作技巧**
>
> 使用"内滑工具" 时，前一段素材片段的出点后和后一段素材片段的入点前需要有预留出的余量供调节使用。

图 3-27

3.2.5 滚动编辑工具

"滚动编辑工具" 可修剪一个剪辑的入点和另一个剪辑的出点，同时保持两个剪辑的组合持续时间不变。

选中"滚动编辑工具"，移动鼠标指针至两个素材片段之间，当鼠标指针变为 时，按住鼠标拖动即可调整素材自身长度。图3-28所示为向左拖动的效果（被拖动的片段入点前需有余量以供调节）。此时，"节目监视器"面板中的效果如图3-29所示。

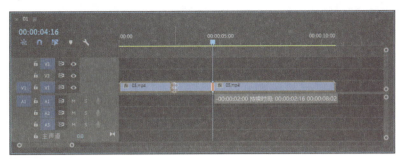

图 3-28

图 3-29

> **知识拓展**
>
> 除了"滚动编辑工具"外，用户还可以使用"波纹编辑工具"调整两个剪辑之间的剪切点或编辑点。"波纹编辑工具"可以修剪"时间轴"内某剪辑的入点或出点，关闭由编辑导致的间隙，并可保留对修剪剪辑左侧或右侧的所有编辑。

当鼠标指针呈 时双击鼠标，"节目监视器"中将会显示详细的修整面板，以方便对素材片段进行细调，如图3-30所示。

图 3-30

3.2.6 比率拉伸工具

使用"比率拉伸工具" 可以改变素材的播放速度和持续时间，但不会改变素材的入点和出点。

选中"比率拉伸工具" ，移动鼠标指针至"时间轴"面板中一个素材片段的入点或出点处，当鼠标指针变为 时按住鼠标左键拖动即可改变素材的持续时间，而素材的出点、入点不变，当片段缩短时播放速度加快，当片段延长时播放速度变慢。图3-31所示为延长片段长度、减慢播放速度的效果。

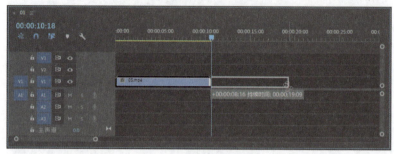

图 3-31

> **操作技巧**
>
> 执行"剪辑"|"速度/持续时间"命令或按CTR+R组合键，同样可以打开"剪辑速度/持续时间"对话框进行设置。

除了"比率拉伸工具" 外，用户还可以执行"速度/持续时间"命令，从而更精确地调整素材的播放时间。选中"时间轴"面板中的素材，右击鼠标，在弹出的快捷菜单中执行"速度/持续时间"命令，打开"剪辑速度/持续时间"对话框进行设置即可，如图3-32所示。

图 3-32

该对话框中部分选项的作用如下。

- **速度**：用于调整素材片段的播放速度。大于100%为加速播放，小于100%为减速播放，等于100%为正常速度播放。
- **持续时间**：用于显示更改后的素材片段的持续时间。
- **倒放速度**：选中该复选框后，素材片段将反向播放。
- **保持音频音调**：选中该复选框后，素材片段的音频播放速度不变。
- **波纹编辑，移动尾部剪辑**：选中该复选框后，片段加速导致的缝隙处将自动填补。

课堂练习　制作慢镜头

在影视作品中，常常可以看到用慢镜头来渲染气氛、塑造美感。下面以慢镜头的制作为例，对比率拉伸工具的应用进行介绍。

步骤01 打开Premiere软件，执行"文件"|"新建"|"项目"命令，打开"新建项目"对话框，设置项目名称及位置参数，如图3-33所示。完成后单击"确定"按钮新建项目。

步骤02 执行"文件"|"新建"|"序列"命令，打开"新建序列"对话框，切换至"设置"选项卡，自定义序列，如图3-34所示。完成后单击"确定"按钮新建序列。

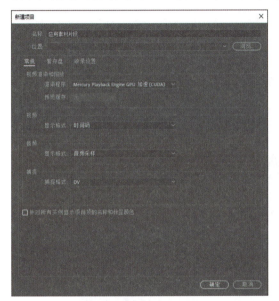
图 3-33

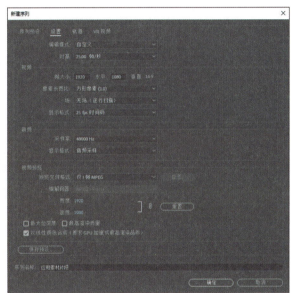
图 3-34

步骤03 按Ctrl+I组合键导入素材文件"棋子.mov"，如图3-35所示。

步骤04 将该素材拖曳至"时间轴"面板的V1轨道中，如图3-36所示。

图 3-35

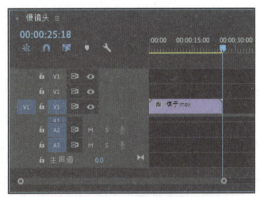
图 3-36

步骤05 移动播放指示器至00:00:10:00处，选择"比率拉伸工具"，移动鼠标指针至V1轨道中的素材末端，待鼠标指针变为 时按住鼠标左键拖动至播放指示器处，缩短视频持续时间，如图3-37所示。

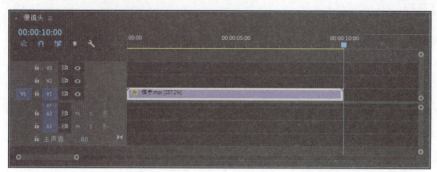

图 3-37

步骤 06 移动播放指示器至00:00:03:11处,按C键切换至"剃刀工具",在V1轨道的素材播放指示器处单击,裁剪素材,如图3-38所示。

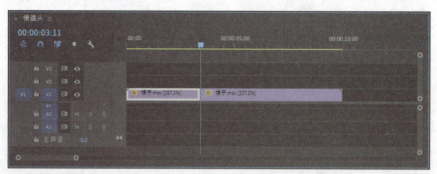

图 3-38

步骤 07 使用相同的方法,在00:00:05:09处裁剪素材,如图3-39所示。

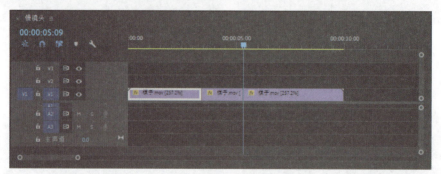

图 3-39

步骤 08 选择V1轨道中最右侧的素材,向后拖曳,如图3-40所示。

图 3-40

步骤 09 选择"比率拉伸工具",移动鼠标指针至V1轨道中的第2段素材末端,待鼠标指针变为 ⇹ 时按住鼠标左键拖动至第3段素材入点处,延长视频持续时间,如图3-41所示。

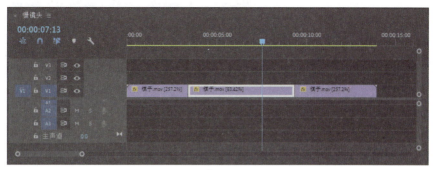

图 3-41

步骤 10 选中V1轨道中的第2段素材,右击鼠标,在弹出的快捷菜单中执行"时间插值"|"光流法"命令,使素材播放更加流畅。此时,V1轨道中的素材对应时间轴部分变为红色,按Enter键渲染预览,时间轴红色部分变为绿色,如图3-42所示。

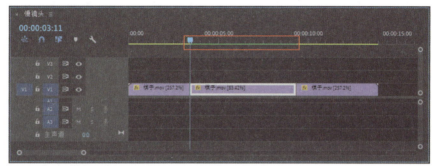

图 3-42

至此,慢镜头制作完成。

3.2.7 帧定格

帧定格冻结整个剪辑的单个帧,类似于将帧作为静止图像导入,或使用时间重映射技术来冻结帧的一部分。Premiere软件中有3个创建帧定格的命令:"帧定格选项""添加帧定格""插入帧定格分段"。下面对这3个命令进行介绍。

1. 帧定格选项

"帧定格选项"命令可以将整段视频静止为指定的帧。在"时间轴"面板中选中素材,右击鼠标,在弹出的快捷菜单中执行"帧定格选项"命令,打开"帧定格选项"对话框,如图3-43所示。在该对话框中设置参数后单击"确定"按钮,即可以指定位置的帧静止整段视频。

图 3-43

该对话框中部分选项的作用如下。
- **定格位置**：用于从菜单中选择要定格的帧。
- **定格滤镜**：该选项主要用于定格滤镜动画的，在持续时间内剪辑效果会使用位于定格帧的值。

2. 添加帧定格

"添加帧定格"命令可以将素材中的某一帧冻结，该帧之后均以静帧的方式显示。在"时间轴"面板中选择需要添加帧定格的素材，移动播放指示器至要冻结的画面处，右击鼠标，在弹出的快捷菜单中执行"添加帧定格"命令，即可将播放指示器右侧的内容定格。

3. 插入帧定格分段

"插入帧定格分段"命令可在播放指示器所在处拆分素材，并插入一个两秒钟的冻结帧。在"时间轴"面板中选中素材，右击鼠标，在弹出的快捷菜单中执行"插入帧定格分段"命令即可，如图3-44所示。

> **知识拓展**
>
> "时间插值"命令的子菜单中除了"帧混合"命令外，还包括"帧采样"命令和"光流法"命令。这3个命令的作用分别如下。
> - **帧混合**：混合上下两帧，合并生成一个新的帧来填补空缺，使视频看起来较流畅。
> - **帧采样**：用于调整视频播放速度之后，多出的帧或空缺的帧按现有帧生成，卡顿。
> - **光流法**：软件根据上下帧来预测两帧间像素移动的轨迹，自动算出新的空缺帧。

图 3-44

3.2.8 帧混合

当素材的帧速率和序列的帧速率不同时，用户可以通过"帧混合"命令平滑帧与帧之间的过渡，消除抖动，使画面流畅。

在"时间轴"面板中选中要添加帧混合的素材，右击鼠标，在弹出的快捷菜单中执行"时间插值"|"帧混合"命令即可。

3.2.9 复制/粘贴素材

"复制/粘贴"命令可以快速地应用相同的素材，减少重复工作的时间。在"时间轴"面板中选中需要复制的素材，按Ctrl+C组合键复制，移动播放指示器至要粘贴的位置，按Ctrl+V组合键粘贴，播放指示器后面的素材将被覆盖。若按Ctrl+Shift+V组合键粘贴插入，则播放指示器后面的素材将向后移动。

3.2.10 删除素材

用户可以通过"清除"和"波纹删除"命令删除"时间轴"面板中多余的素材。其不同之处在于，执行"编辑"|"清除"命令删除素材后，时间轴轨道中会留下该素材的空位，如图3-45所示。而执行"编辑"|"波纹删除"命令删除素材后，面的素材将会自动补上缺口，如图3-46所示。

图 3-45

图 3-46

3.2.11 分离/链接视音频

部分素材导入时自身带有音频素材，若用户想单独对视频或音频进行操作，可以取消音视频素材的链接。

选中"时间轴"面板中链接的音视频素材后，右击鼠标，在弹出的快捷菜单中执行"取消链接"命令即可分离素材；若想链接音视频素材，选中"时间轴"面板中要链接的音视频素材文件后，右击鼠标，在弹出的快捷菜单中执行"链接"命令即可。

强化训练

1. 项目名称

制作烧烤视频片段。

2. 项目分析

制作视频时,用户需要从收集到的多个素材片段中甄选出适合的部分搭配在一起,制作出更加融洽的视频效果。现需根据已有的素材片段剪辑出一段烧烤视频。根据现实中的操作步骤,整理素材,将准备工作放置在前半部分,烤制工作放置在后半部分;添加视频过渡效果,使视频切换更加自然。

3. 项目效果

项目效果如图3-47、图3-48所示。

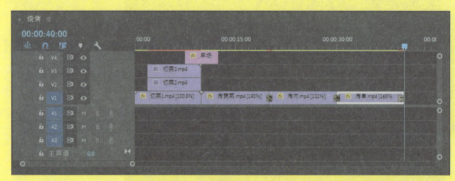

图 3-47

图 3-48

4. 操作提示

①导入素材文件,在"源监视器"面板中设置素材的入点和出点,选择合适的片段导入到"时间轴"面板上。

②通过关键帧和"线性擦除"视频效果制作多个素材同步播放的效果。

③添加视频过渡效果,使播放更加顺畅。

第4章

字幕设计

内容导读

文字是影视作品的重要组成元素之一，在影片中一般起到说明、注释或美化的作用。本章针对文字的创建与编辑进行介绍，通过本章的学习，读者可以掌握创建文字字幕的方法，了解如何编辑文字效果。

要点难点

- 了解字幕种类。
- 学会创建字幕。
- 掌握"旧版标题设计器"面板的用法。

4.1 字幕的创建

文字是影片制作过程中必不可少的元素。文字可以更好地点明影片主题，还可以帮助用户更直观地展示视频内容。下面对文字字幕的创建进行介绍。

4.1.1 字幕类型

Premiere软件可创建4种类型的字幕：静止图像、滚动、向左游动和向右游动，如图4-1所示。这4种字幕类型的效果各不相同，下面将对其进行介绍。

图 4-1

1. 静止图像

静止图像字幕是指随着时间的变化，停留在画面指定位置不动的字幕，如图4-2所示。用户可以通过添加关键帧使静止图像字幕产生移动、变换的效果。

图 4-2

2. 滚动

滚动字幕是指随着时间的变化，从下到上做垂直运动的字幕。字幕文件持续时间越长，滚动速度越慢。图4-3所示为滚动字幕效果。

图 4-3

3. 向左游动 / 向右游动

游动字幕分为向左游动字幕和向右游动字幕两种。该字幕类型会随着时间的变化，沿画面水平方向运动。字幕文件持续时间越长，游动速度越慢。图4-4所示为向左游动字幕效果。

图 4-4

4.1.2 新建字幕

用户可以通过多种方式创建字幕，常用的方式有以下两种。

1. 通过"文字工具" 创建字幕

选择"工具"面板中的"文字工具" ，在"节目监视器"面板的合适位置单击并输入文字，即可创建字幕，如图4-5、图4-6所示。

图 4-5

图 4-6

在"节目监视器"面板中创建字幕后,"时间轴"面板的轨道上将自动出现字幕文件,如图4-7所示。选中字幕文件,在"效果控件"面板中可对字幕的字体、外观等参数进行设置,如图4-8所示。

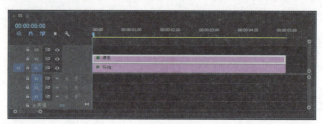

图 4-7

学习笔记

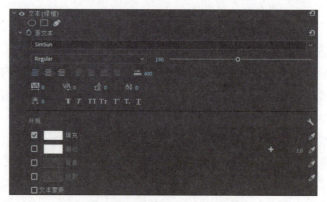

图 4-8

2. 通过"旧版标题"命令创建字幕

执行"旧版标题"命令可以更便捷地创建字幕。执行"文件"|"新建"|"旧版标题"命令,打开"新建字幕"对话框,在该对话框中设置字幕素材基本属性后,单击"确定"按钮,即可打开"旧版标题属性"面板,如图4-9所示。在该面板中可以输入文字并对文字的样式、对齐、属性等参数进行设置。

图 4-9

通过"旧版标题"命令创建文本后,"项目"面板中将出现相应的字幕素材,用户可以拖曳字幕素材至"时间轴"面板的轨道中进行应用。

课堂练习　制作消散的文字

文字结合视频效果与关键帧，可以制作出意想不到的效果。下面以消散的文字的制作为例，对文字的创建、关键帧的应用等进行介绍。

步骤 01 打开Premiere软件，新建项目和序列，如图4-10、图4-11所示。

图 4-10

图 4-11

步骤 02 执行"文件"|"导入"命令，导入素材文件"背影.mp4"，如图4-12所示。

步骤 03 将素材文件拖曳至"时间轴"面板的V1轨道中，在弹出的"剪辑不匹配警告"对话框中单击"保持现有设置"按钮，在"节目"面板中预览效果，如图4-13所示。

图 4-12

图 4-13

步骤 04 选中"时间轴"面板中的素材文件，右击鼠标，在弹出的快捷菜单中执行"缩放为帧大小"命令，调整素材大小，在"节目监视器"面板中预览效果，如图4-14所示。

步骤 05 选中"时间轴"面板中的素材文件，右击鼠标，在弹出的快捷菜单中执行"速度/持续时间"命令，打开"剪辑速度/持续时间"命令，设置持续时间为00:00:15:00，如图4-15所示。完成后单击"确定"按钮，加快播放速度。

图 4-14

图 4-15

步骤 06 执行 "文件" | "新建" | "旧版标题" 命令，打开 "新建字幕" 对话框，保持默认设置后单击 "确定" 按钮，打开 "旧版标题属性" 面板，选择 "文字工具" T，在 "字幕" 面板中单击输入文字，如图4-16所示。

步骤 07 选中输入的文字，在 "属性" 面板中设置合适的字体字号，设置填充色为白色，投影为黑色，单击 "动作" 面板 "中心" 选项卡中的按钮，设置文字与画面对齐，如图4-17所示。

图 4-16

图 4-17

步骤 08 关闭 "旧版标题设计器" 面板，在 "项目" 面板中选中新建的字幕素材，拖曳至 "时间轴" 面板的V2轨道中，调整其持续时间为10秒，移动其位置使其末端与V1轨道中的素材末端对齐，如图4-18所示。

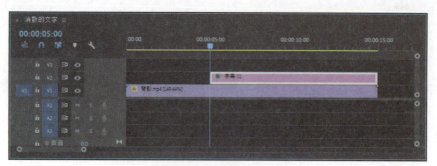
图 4-18

步骤 09 在 "效果" 面板中搜索 "黑场过渡" 视频过渡效果，分别拖曳至V1轨道中的素材入点与出点处，添加视频过渡效果，如图4-19所示。

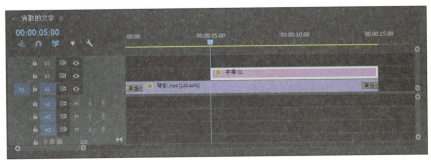

图 4-19

步骤 10 在"效果"面板中搜索"粗糙边缘"视频效果,拖曳至V2轨道的素材上。移动播放指示器至00:00:07:00处,在"效果控件"面板中单击"粗糙边缘"效果"边框"参数左侧的"切换动画"按钮 ,添加关键帧,并设置"边框"参数为0.00,"边缘锐度"参数为0.50,"比例"参数为50.0,如图4-20所示。

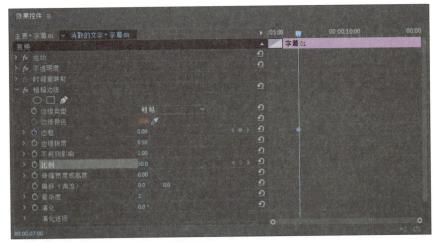

图 4-20

步骤 11 移动播放指示器至00:00:13:00处,设置"边框"参数为260.00,软件将自动添加关键帧,如图4-21所示。

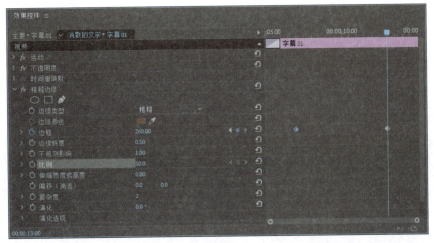

图 4-21

步骤12 选中关键帧，右击鼠标，在弹出的快捷菜单中执行"缓入"和"缓出"命令，使视频变化更加平滑，如图4-22所示。

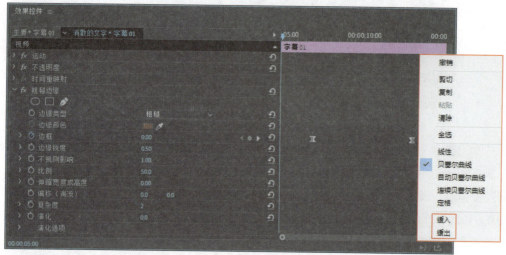

图 4-22

步骤13 移动播放指示器至00:00:05:00处，在"效果控件"面板中展开"不透明度"效果，单击"不透明度"参数左侧的"添加/移除关键帧"按钮，添加关键帧，并设置"不透明度"参数为0.0%，如图4-23所示。

图 4-23

步骤14 移动播放指示器至00:00:06:12处，单击"不透明度"参数右侧的"重置参数"按钮，使该参数恢复默认值，此时软件将自动添加关键帧，如图4-24所示。

图 4-24

步骤15 使用相同的方法，选中不透明度关键帧，右击鼠标，在弹出的快捷菜单中执行"缓入"和"缓出"命令，使视频变化更加平滑。图4-25所示为执行命令后的效果。

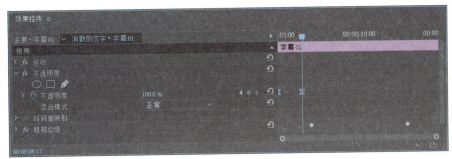

图 4-25

步骤 16 至此，消散文字制作完成。按空格键在"节目监视器"面板中预览效果，如图4-26所示。

图 4-26

4.2 调整字幕效果

通过"旧版标题设计器"面板可以很方便地修改执行"旧版标题"命令创建的文字。下面对此进行介绍。

4.2.1 认识"旧版标题设计器"面板

执行"旧版标题"命令创建字幕素材后，若对该字幕素材不满意，可以双击字幕素材打开"旧版标题设计器"面板，如图4-27所示。

"旧版标题设计器"面板包括5个面板区域，各面板的作用如下。

- **工具**：用于存放创建字幕时会用到的工具，包括选择工具、文字工具和形状工具等。
- **动作**：用于设置已创建字幕的对齐与分布。
- **属性**：用于设置字幕的基础属性。

- **样式**：用于选择预设好的字幕样式。
- **字幕**：用于显示字幕效果以及对字幕进行一些简单的调整。

❶ "工具"面板
❷ "动作"面板
❸ "属性"面板
❹ "样式"面板
❺ "字幕"面板

图 4-27

4.2.2 更改字幕属性

"属性"面板中的选项用于设置字幕字体、位置、大小等属性，该面板中部分选项的作用如下。

- **变换**：用于设置选中字幕的不透明度、位置、宽度、高度及角度。
- **属性**：用于设置选中字幕的字体、大小及其他文字属性等。
- **填充**：用于设置字幕的填充类型、填充效果、光泽及纹理。
- **描边**：用于设置字幕的描边。用户可以选择添加内描边或外描边。
- **阴影**：用于设置字幕的阴影效果。
- **背景**：用于为字幕添加背景。

> **操作技巧**
>
> 单击"旧版标题设计器"面板"字幕"面板中的 ■ 按钮，即可打开"滚动/游动选项"对话框设置字幕类型。

课堂练习　制作文字镂空开场

文字是影片中不可或缺的部分，合适的文字可以更好地契合影片主题。下面以文字镂空开场的制作为例，对文字的创建与编辑进行介绍。

步骤 01 打开Premiere软件，新建项目和序列，如图4-28、图4-29所示。

步骤 02 执行"文件"|"导入"命令，导入素材文件"雨季.mp4"，如图4-30所示。

步骤 03 将素材文件拖曳至"时间轴"面板的V1轨道中，在弹出的"剪辑不匹配警告"对话框中单击"保持现有设置"按钮，在"节目监视器"面板中预览效果，如图4-31所示。

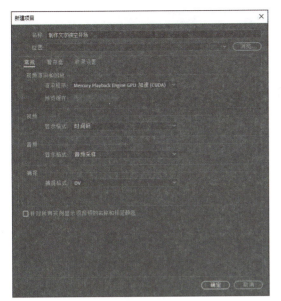

图 4-28

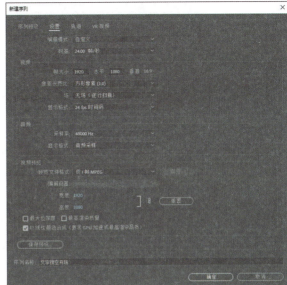

图 4-29

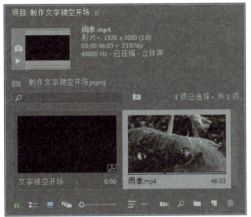

图 4-30

图 4-31

步骤 04 移动播放指示器至00:00:14:05处，按C键切换至"剃刀工具"，在V1轨道的素材上播放指示器所在处单击裁切素材，选中右侧的素材，按Delete键删除，如图4-32所示。

图 4-32

步骤 05 执行"文件"|"新建"|"旧版标题"命令，打开"新建字幕"对话框，保持默认设置后单击"确定"按钮。打开"旧版标题设计器"面板，选择"文字工具"，在"字幕"面板中单击输入文字，如图4-33所示。

图 4-33

步骤 06 选中输入的文字,单击"样式"面板中的Impact Regular soft drop shadow样式,在"属性"面板中设置"字体大小"为240.0,单击"动作"面板"中心"选项卡中的按钮,设置文字与画面对齐,如图4-34所示。

图 4-34

步骤 07 关闭"旧版标题设计器"面板,在"项目"面板中选中新建的字幕素材,拖曳至"时间轴"面板的V2轨道中,调整其持续时间与V1轨道中的素材一致,如图4-35所示。

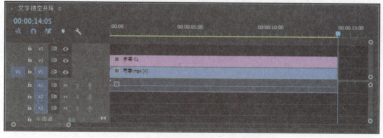

图 4-35

步骤08 在"效果"面板中搜索"轨道遮罩键"视频效果,将其拖曳至V1轨道的素材上,在"效果控件"面板中设置"遮罩"为"视频2",如图4-36所示。此时"节目监视器"面板中的效果如图4-37所示。

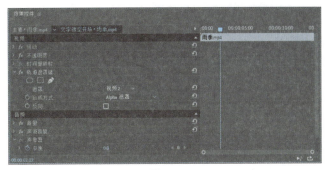

图 4-36

图 4-37

步骤09 选中V2轨道中的文字素材,移动播放指示器至00:00:03:00处,在"效果控件"面板中单击"位置"和"缩放"参数左侧的"切换动画"按钮,添加关键帧,如图4-38所示。

图 4-38

步骤10 移动播放指示器至00:00:06:00处,调整"位置"和"缩放"参数,软件将自动添加关键帧,如图4-39所示。此时"节目监视器"面板中的效果如图4-40所示。

图 4-39

图 4-40

步骤 11 选中关键帧，右击鼠标，在弹出的快捷菜单中执行"临时插值"|"缓入"命令和"临时插值"|"缓出"命令，使视频变化更加平滑，如图4-41所示。

图 4-41

步骤 12 在"效果"面板中搜索"黑场过渡"视频过渡效果，将其拖曳至V1轨道中的素材出点处，添加视频过渡效果；搜索"指数淡化"音频过渡效果，将其拖曳至A1轨道中的素材出点处，添加音频过渡效果，如图4-42所示。

图 4-42

步骤 13 在"节目监视器"面板中按空格键预览效果，如图4-43所示。

图 4-43

至此，文字镂空开场制作完成。

4.2.3 创建形状

通过"旧版标题设计器"面板中的"工具"面板,用户还可以创建形状素材。在"旧版标题设计器"面板中选择"工具"面板中的"形状工具"或"钢笔工具",在"字幕"面板中绘制即可。图4-44所示为使用"椭圆工具"◯绘制的圆形。

图 4-44

> **知识拓展**
>
> 用户也可以直接使用Premiere软件"工具"面板中的"形状工具"和"钢笔工具"绘制形状;或单击"基本图形"面板"编辑"选项卡中的"新建图层"按钮,新建矩形或椭圆。

4.2.4 字幕的对齐与分布

在"旧版标题设计器"面板中创建多个文字或形状时,用户可以通过"动作"面板中的按钮排列或分布文字和形状,使画面更加整洁美观。该面板中包括"对齐""中心"和"分布"3个选项卡,各选项卡的作用如下。

- **对齐**:用于设置文字或形状的对齐方式。选中2个及2个以上对象时该选项卡才可用。
- **中心**:用于设置文字或形状与画面中心对齐。
- **分布**:用于设置文字或形状的分布。选中3个及3个以上对象时,该选项卡才可用。图4-45、图4-46所示分别为单击"水平居中分布"按钮前后的效果。

图 4-45

图 4-46

4.2.5 添加字幕样式

除了通过"属性"面板设置字幕外观外，用户还可以选择"样式"面板中预设的字幕样式进行应用。图4-47所示为"样式"面板中的样式。选择文字后单击该面板中预设的样式即可应用。

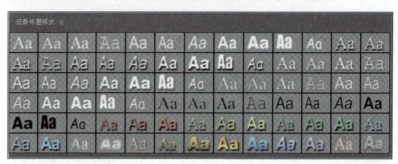

图 4-47

课堂练习　制作弹幕效果

弹幕是观看视频时的一种非常有趣的评论性字幕，用户可以通过"旧版标题设计器"面板轻松地制作弹幕效果。下面以弹幕效果的制作为例，对字幕的创建及编辑进行介绍。

步骤 01 打开Premiere软件，新建项目，如图4-48所示。

步骤 02 从文件夹中拖曳素材文件"视频.mp4"至"时间轴"面板中，软件将根据素材自动创建序列，如图4-49所示。

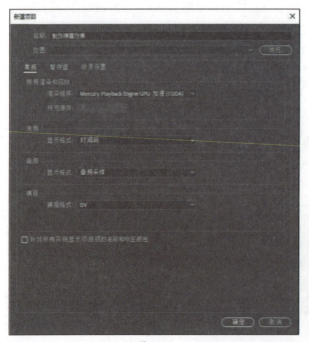

图 4-48

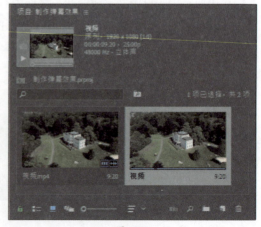

图 4-49

步骤03 在"效果"面板中搜索"亮度与对比度"视频效果,将其拖曳至V1轨道的素材上,在"效果控件"面板中设置"亮度"参数为20.0,如图4-50所示。

图 4-50

步骤04 此时,"节目监视器"面板中画面的效果将提亮,如图4-51所示。

图 4-51

步骤05 执行"文件"|"新建"|"旧版标题"命令,打开"新建字幕"对话框,保持默认设置,单击"确定"按钮。打开"旧版标题设计器"面板,选择"文字工具",在"字幕"面板中单击并输入文字,如图4-52所示。

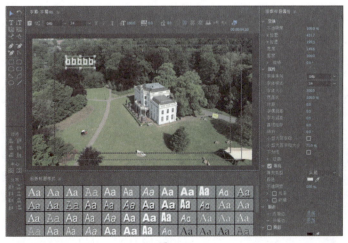

图 4-52

步骤 06 选中输入的文字,单击"样式"面板中的Arial Bold red hard drop shadow样式,在"属性"面板中设置"字体大小"为60.0,效果如图4-53所示。

图 4-53

步骤 07 使用相同的方法继续输入文字,并设置不同的颜色与内容,效果如图4-54、图4-55所示。

图 4-54

图 4-55

步骤 08 在"旧版标题设计器"面板中单击"字幕"面板中的 按钮,打开"滚动/游动选项"对话框,选中"向左游动"字幕类型,选中"开始于屏幕外"和"结束于屏幕外"复选框,如图4-56所示。

图 4-56

步骤 09 单击"确定"按钮,切换至"旧版标题设计器"面板,如图4-57所示。

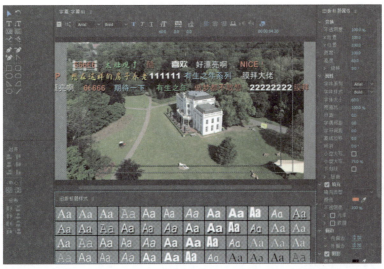

图 4-57

步骤 10 关闭"旧版标题设计器"面板。在"项目"面板中选中新建的字幕素材,将其拖曳至"时间轴"面板的V2轨道中,调整其持续时间与V1轨道中的素材一致,如图4-58所示。

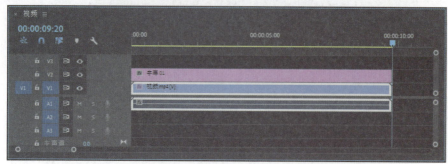

图 4-58

步骤 11 在"节目监视器"面板中按空格键预览效果,如图4-59所示。

图 4-59

至此,弹幕效果制作完成。

学 习 心 得

强化训练

1. 项目名称

制作水波文字。

2. 项目分析

在影视作品中,单独出现的文字总是略显单调,用户可以通过添加效果与关键帧,使承载重要意义的文字呈现出别具一帜的效果。现需制作视频片名的出现动画。通过蒙版使文字逐渐出现;通过关键帧和视频效果制作出契合视频的水波文字效果。

3. 项目效果

项目效果如图4-60所示。

图 4-60

4. 操作提示

①新建项目和序列后,导入视频素材,新建字幕文件。

②选中字幕素材,添加"湍流置换"视频效果,在"效果控件"面板中添加位置、不透明度及"湍流置换"效果部分参数的关键帧,制作动画效果。

③添加矩形蒙版,调整位置,设置关键帧,制作文字逐渐出现的效果。

第5章

视频过渡效果

内容导读

影视后期制作中一般会用到大量的素材,当部分素材衔接不流畅时,用户可以添加视频过渡效果使场景切换更加平滑。本章将对Premiere软件中的视频过渡效果进行介绍。通过本章的学习,用户可以了解视频过渡效果,并掌握视频过渡效果的应用。

要点难点

- 认识视频过渡效果。
- 学会应用视频过渡效果。
- 了解不同视频过渡效果的作用。

5.1 认识视频过渡

视频中切换场景时，常常会添加合适的视频过渡效果，使场景切换更加自然。本节将对视频过渡的基本操作进行介绍。

5.1.1 什么是视频过渡

视频过渡又称视频转场，是指场景之间的转换效果。制作影片时，用户可以通过添加视频过渡效果融合两段素材，使原本不衔接、跳脱感较强的素材过渡顺畅，从而获得更佳的观看体验。

5.1.2 添加视频过渡

执行"窗口"|"效果"命令，打开"效果"面板，选择视频过渡效果并将其拖曳至"时间轴"面板中素材的入点或出点处，即可添加视频过渡效果。图5-1所示为添加"圆划像"视频过渡的效果。

图 5-1

5.1.3 设置视频过渡特效

添加视频过渡特效后，用户可以根据需要在"效果控件"面板中更改视频过渡的持续时间、方向等参数，从而制作出更出色的视频过渡效果。下面对其进行介绍。

1. 替换或删除视频过渡特效

视频效果添加后，用户可以删除或替换现有的视频过渡效果。

1）删除视频过渡

在"时间轴"面板中选中要删除的视频过渡效果，按Delete键或Backspace键即可删除选中的视频过渡效果。

2）替换视频过渡

若想替换现有的视频过渡效果，在"效果"面板中选中新的视频过渡效果，将其拖曳至"时间轴"面板中要替换的视频过渡效果上即可。

2. 设置视频过渡特效的方向

Premiere软件中的部分视频过渡效果具有方向,用户可以选中添加的视频过渡效果,然后在"效果控件"面板中设置视频过渡特效的方向。

以"随机擦除"视频过渡为例,拖曳"随机擦除"视频过渡至"时间轴"面板的素材上,选中添加的过渡效果,在"效果控件"面板中单击过渡缩略图上的边缘选择器箭头,即可改变视频过渡的方向或指向,如图5-2所示。

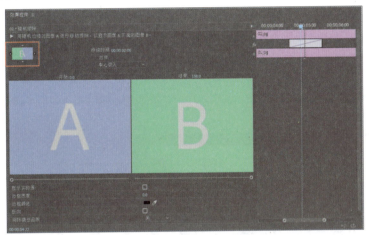

图 5-2

> **操作技巧**
>
> 双击"时间轴"面板中的视频过渡效果,可打开"设置过渡持续时间"对话框,设置视频过渡特效的持续时间。

3. 调整视频过渡特效的持续时间

视频过渡特效添加后,用户可以直接使用"选择工具"▶在"时间轴"面板中拖曳视频过渡效果的入点及出点,控制其持续时间。

若想更精准地调整视频过渡特效的时间,可以选中"时间轴"面板中的视频过渡效果,在"效果控件"面板的"持续时间"文本框中设置参数,控制视频过渡特效的持续时间,如图5-3所示。

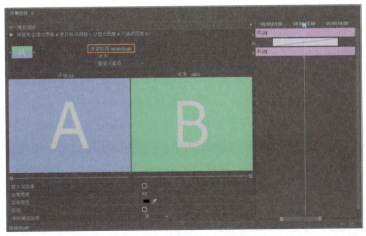

图 5-3

4. 设置视频过渡特效的对齐参数

当视频过渡特效添加至同一轨道的两个相邻素材之间时，用户可以通过"效果控件"面板中的"对齐"选项控制选中视频过渡效果的对齐方式。该选项包括"中心切入""起点切入""终点切入"和"自定义起点"四种方式，如图5-4所示。用户可以根据自身需求选择合适的对齐方式。

图 5-4

5. 显示实际素材

选中"时间轴"面板中的视频过渡效果，在"效果控件"面板中选中"显示实际源"复选框，可在剪辑预览区中显示素材的实际效果。图5-5所示为选择后的效果。

图 5-5

6. 控制视频过渡特效开始、结束效果

添加视频过渡特效后，用户可以在"效果控件"面板中设置视频过渡开始和结束时的效果。

选中添加的视频过渡效果，在"效果控件"面板中设置剪辑预览区上方的"开始"参数，即可控制视频过渡效果开始的位置。该参数默认为0，表示将从整个视频过渡过程的开始位置进行过渡；若将该参数设置为10，则从整个视频过渡效果的10%位置开始过渡。图5-6所示为开始参数设置为20时视频过渡开始时的效果。

"结束"参数可以控制视频过渡效果结束的位置。该参数默认为100，表示将在整个视频过渡过程的结束位置完成过渡；若将该参数设置为90，则表示视频过渡特效结束时，视频过渡特效只是完成了整个视频过渡的90%。图5-7所示为结束参数设置为80时视频过渡结束时的效果。

图 5-6

图 5-7

7. 设置边框

部分视频过渡效果在过渡时会产生边框，用户可以在"效果控件"面板中对该部分视频过渡效果的边框属性进行设置。图5-8所示为设置边框后的效果。

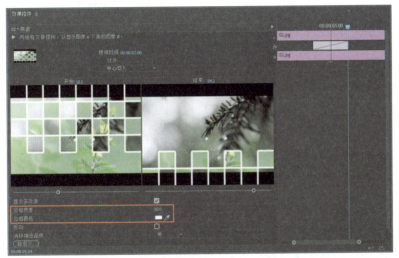
图 5-8

> **知识拓展**
>
> 在"效果"面板中选中视频过渡效果后，右击鼠标，在弹出的快捷菜单中执行"将所选过渡设置为默认过渡"命令，即可将该效果设置为默认过渡。应用时选中"时间轴"面板中的素材，执行"序列"|"应用默认过渡到选择项"命令即可。

其中，"边框宽度"参数可以控制视频过渡过程中形成的边框的宽度，数值越大，边框越宽；"边框颜色"参数可以控制视频过渡过程中形成的边框的颜色。

8. 反向视频过渡效果

选中"时间轴"面板中的视频过渡效果，在"效果控件"面板中选中"反向"复选框，可以倒放视频。图5-9、图5-10所示分别为选择该复选框前后的效果。

图 5-9

图 5-10

课堂练习 制作唯美电子相册

视频过渡效果的添加可以使素材的切换平滑流畅。下面以唯美电子相册的制作为例，对视频过渡效果的应用进行介绍。

步骤01 打开Premiere软件，新建项目和序列。按Ctrl+I组合键导入素材文件"照片1.jpg"～"照片6.jpg"，如图5-11所示。

图 5-11

步骤02 将"项目"面板中的素材按照序号依次拖曳至"时间轴"面板的V1轨道中，如图5-12所示。

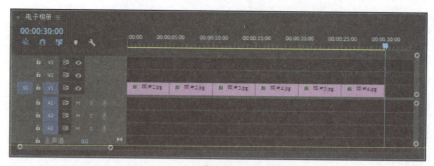

图 5-12

步骤03 选中V1轨道中的所有素材，按住Alt键拖曳复制到V2轨道中，如图5-13所示。

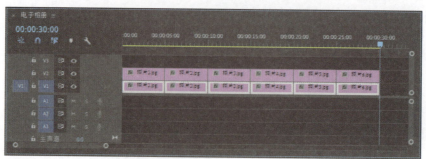

图 5-13

步骤 04 执行"文件"|"新建"|"旧版标题"命令,打开"新建字幕"对话框,保持默认设置,单击"确定"按钮。打开"旧版标题设计器"面板,选择"矩形工具"绘制与画面等大的矩形,在"属性"面板中设置"填充"为无,添加内描边,将大小设置为30.0,如图5-14所示。

图 5-14

> **操作技巧**
>
> 绘制矩形后,用户可以选中矩形,在"属性"面板的"变换"选项组中设置矩形的宽高尺寸,使其与画面大小一致。

步骤 05 关闭"旧版标题设计器"面板,选中"项目"面板中的字幕素材,将其拖曳至"时间轴"面板的V3轨道上,按住Alt键向右拖曳复制,重复多次,如图5-15所示。

图 5-15

步骤 06 选中V2轨道和V3轨道左侧起第一个素材,右击鼠标,在弹出的快捷菜单中执行"嵌套"命令,在弹出的"嵌套序列名称"对话框中设置"名称"为"照片1",完成后单击"确定"按钮,嵌套素材的效果如图5-16所示。

图 5-16

步骤 07 使用相同的方法，依次嵌套V2轨道和V3轨道中的素材，完成后的效果如图5-17所示。

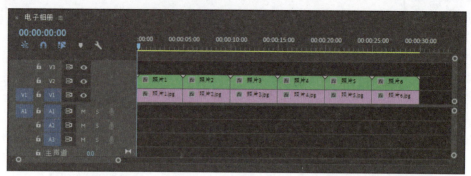

图 5-17

步骤 08 选中嵌套素材"照片1"，在"效果控件"面板中设置"缩放"参数为70.0，在"节目监视器"面板中预览效果，如图5-18所示。

步骤 09 使用相同的方法，依次调整其余嵌套素材的"缩放"参数为70.0，在"节目监视器"面板中预览效果，如图5-19所示。

图 5-18

图 5-19

步骤 10 在"效果"面板中搜索"内滑"视频过渡效果，将其拖曳至嵌套素材"照片1"和"照片2"之间，如图5-20所示。

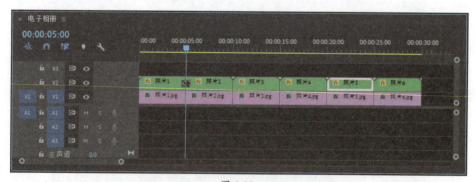

图 5-20

步骤 11 选中添加的"内滑"视频过渡效果，在"效果控件"面板中单击过渡缩略图上的边缘选择器中的"自北向南"箭头 ，调整视频过渡方向，如图5-21所示。

84

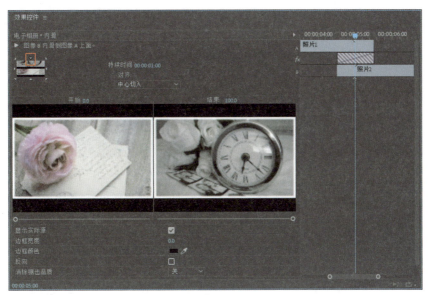

图 5-21

步骤 12 继续在V2轨道中的素材之间添加"内滑"视频过渡效果,如图5-22所示。在"效果控件"面板中调整方向,使过渡方向保持一致。

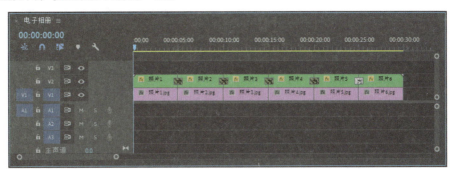

图 5-22

步骤 13 在"效果"面板中搜索"交叉溶解"视频过渡效果,将其拖曳至V1轨道中的素材之间,如图5-23所示。

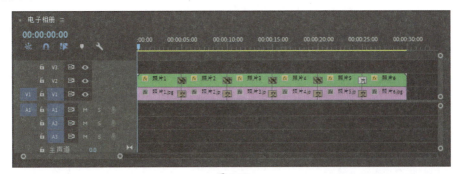

图 5-23

步骤 14 在"效果"面板中搜索"黑场过渡"视频过渡效果,将其拖曳至V1轨道中的第一个素材入点处和最后一个素材出点处、V2轨道中的第一个素材入点处和最后一个素材出点处,如图5-24所示。

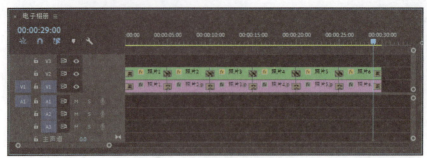

图 5-24

步骤⑮ 在"效果"面板中搜索"查找边缘"视频效果,将其拖曳至V1轨道的第一个素材上,在"效果控件"面板中设置"与原始图像混合"参数为30.0%,在"节目监视器"面板中预览效果,如图5-25所示。

步骤⑯ 在"效果控件"面板中选中"查找边缘"效果,按Ctrl+C组合键复制,选中V1轨道中的第2个素材,按Ctrl+V组合键粘贴,在"节目监视器"面板中预览效果,如图5-26所示。使用相同的方法,选中V1轨道中的其他素材复制效果。

图 5-25

图 5-26

步骤⑰ 至此,唯美电子相册制作完成。在"节目监视器"面板中按空格键预览,效果如图5-27所示。

图 5-27

5.2 运用视频过渡

Premiere软件中包含多组视频过渡效果。使用这些视频过渡效果可以创造出独具一格的场景切换动画。下面对这些视频过渡效果进行介绍。

5.2.1 3D运动

"3D运动"过渡效果组中包括"立方体旋转"和"翻转"两种效果。该效果组中的效果用于模拟三维空间的运动。下面对这两种效果进行介绍。

1. 立方体旋转

"立方体旋转"视频过渡效果是模拟空间立方体旋转的效果,其中一个素材随着立方体的旋转而离开,另一个素材则随着立方体的旋转而出现。图5-28所示为添加"立方体旋转"视频过渡后的效果。

图 5-28

2. 翻转

"翻转"视频过渡效果是模拟平面翻转的效果,在翻转过程中一个素材离开,另一个素材出现。图5-29所示为添加"翻转"视频过渡后的效果。

图 5-29

5.2.2 内滑

"内滑"视频过渡效果组中包括"中心拆分""内滑""带状内滑""拆分""推"5种效果。该效果组中的效果主要是通过滑动画面的方式转换场景,下面对这5种效果进行介绍。

1. 中心拆分

"中心拆分"视频过渡效果中,素材A将从中心拆分为四个部分,并向四个方向滑动至完全显示出素材B。图5-30所示为添加"中心拆分"视频过渡后的效果。

图 5-30

2. 内滑

"内滑"视频过渡效果中,素材B将从画面一侧滑动到画面中,直到完全覆盖素材A。图5-31所示为添加"内滑"视频过渡后的效果。

图 5-31

3. 带状内滑

"带状内滑"视频过渡效果中,素材B将以带状从画面两端向中心滑动,直到合并为完整图像。图5-32所示为添加"带状内滑"视频过渡后的效果。

图 5-32

4. 拆分

"拆分"视频过渡效果中,素材A将从中心分为两个部分并向两侧滑动,直到完全显示出素材B。图5-33所示为添加"拆分"视频过渡后的效果。

图 5-33

5. 推

"推"视频过渡效果中,素材A和素材B并排向画面一侧滑动,直到素材A完全离开画面。图5-34所示为添加"推"视频过渡后的效果。

图 5-34

5.2.3 划像

"划像"过渡效果组中包括"交叉划像""圆划像""盒型划像"和"菱形划像"4种效果。该效果组中的效果主要是通过分割画面的方式转换场景,下面对这4种效果进行讲解。

1. 交叉划像

"交叉划像"视频过渡效果中,素材B将以一个十字形出现并向四角伸展,直到将素材A完全划开。图5-35所示为添加"交叉划像"视频过渡后的效果。

图 5-35

> **操作技巧**
>
> 部分视频过渡效果具有过渡中心,如圆划像。用户可以通过调整过渡中心的位置来调整视频过渡效果。

2. 圆划像

"圆划像"视频过渡效果中,素材B将以圆形出现并向四周扩展,直到充满整个画面并完全覆盖素材A。图5-36所示为添加"圆划像"视频过渡后的效果。

图 5-36

3. 盒型划像

"盒型划像"视频过渡效果中，素材B将以盒型出现并向四周扩展，直至充满整个画面并完全覆盖素材A。图5-37所示为添加"盒型划像"视频过渡后的效果。

图 5-37

4. 菱形划像

"菱形划像"视频过渡效果中，素材B将以菱形出现并向四周扩展，直至完全覆盖素材A。图5-38所示为添加"菱形划像"视频过渡后的效果。

图 5-38

5.2.4 擦除

"擦除"过渡效果组中包括"划出""双侧平推门""带状擦除""径向擦除""插入"等17个效果。该效果组中的效果主要是通过擦除图像的方式转换场景，下面对这17种效果进行讲解。

1. 划出

"划出"视频过渡效果中，将逐渐擦除素材A，同时显示出素材B。图5-39所示为添加"划出"视频过渡后的效果。

图 5-39

2. 双侧平推门

"双侧平推门"视频过渡效果中，将从中间向两侧擦除素材A，同时显示出素材B。图5-40所示为添加"双侧平推门"视频过渡后的效果。

图 5-40

3. 带状擦除

"带状擦除"视频过渡效果中,将从两侧呈带状擦除素材A,同时显示出素材B。图5-41所示为添加"带状擦除"视频过渡后的效果。

图 5-41

4. 径向擦除

"径向擦除"视频过渡效果中,将从画面的某一角以射线扫描的状态擦除素材A,同时显示出素材B。图5-42所示为添加"径向擦除"视频过渡后的效果。

图 5-42

5. 插入

"插入"视频过渡效果中,将从画面的某一角处擦除素材A,同时显示出素材B。图5-43所示为添加"插入"视频过渡后的效果。

图 5-43

6. 时钟式擦除

"时钟式擦除"视频过渡效果中,素材B将以时钟转动的形式将素材A擦除。图5-44所示为添加"时钟式擦除"视频过渡后的效果。

图 5-44

7. 棋盘

"棋盘"视频过渡效果中,素材B将被分为多个方格,方格从上至下坠落直至完全覆盖素材A。图5-45所示为添加"棋盘"视频过渡后的效果。

图 5-45

8. 棋盘擦除

"棋盘擦除"视频过渡效果中,素材B将呈多个板块在素材A上出现并延伸,最终组合成完整的图像完全覆盖素材A。图5-46所示为添加"棋盘擦除"视频过渡后的效果。

图 5-46

9. 楔形擦除

"楔形擦除"视频过渡效果中,素材B将从素材A的中心处以楔形旋转至完全覆盖素材A。图5-47所示为添加"楔形擦除"视频过渡后的效果。

图 5-47

10. 水波块

"水波块"视频过渡效果中,将以类似水波来回推进的形式擦除素材A,同时显示出素材B。图5-48所示为添加"水波块"视频过渡后的效果。

图 5-48

11. 油漆飞溅

"油漆飞溅"视频过渡效果中,将以泼墨的方式擦除素材A,同时显示出素材B。图5-49所示为添加"油漆飞溅"视频过渡后的效果。

图 5-49

> **知识拓展**
>
> 添加"渐变擦除"视频过渡效果后,将打开"渐变擦除设置"对话框,在该对话框中单击"选择图像"按钮,即可打开"打开"对话框,选择参考图像。若想重新设置"渐变擦除"视频过渡效果的参考图像,可以选中该过渡效果后,在"效果控件"面板中单击"自定义"按钮打开"渐变擦除设置"对话框,重新进行选择。

12. 渐变擦除

"渐变擦除"视频过渡效果中,将以一个参考图像的灰度值作为渐变依据,根据参考图像由黑到白擦除素材A,同时显示出素材B。图5-50所示为添加"渐变擦除"视频过渡后的效果。

图 5-50

13. 百叶窗

"百叶窗"视频过渡效果中,素材B将以百叶窗的形式逐渐显示,直到完全覆盖素材A。图5-51所示为添加"百叶窗"视频过渡后的效果。

图 5-51

14. 螺旋框

"螺旋框"视频过渡效果中,将以从外向内螺旋状推进的方式擦除素材A,同时显示出素材B。图5-52所示为添加"螺旋框"视频过渡后的效果。

图 5-52

15. 随机块

"随机块"视频过渡效果中,素材B将以小方块的形式随机出现,直到完全覆盖素材A。图5-53所示为添加"随机块"视频过渡后的效果。

图 5-53

16. 随机擦除

"随机擦除"视频过渡效果中,将按照预设的方向以小方块的形式随机擦除素材A,同时显示出素材B。图5-54所示为添加"随机擦除"视频过渡后的效果。

图 5-54

17. 风车

"风车"视频过渡效果中,素材B将以风车转动的方式逐渐显示,直到完全覆盖素材A。图5-55所示为添加"风车"视频过渡后的效果。

图 5-55

5.2.5 沉浸式视频

"沉浸式视频"过渡效果组中的效果主要用于VR视频。普通素材应用该效果组中的效果时，也可以呈现出特殊的效果。图5-56、图5-57所示为添加"VR默比乌斯缩放"视频过渡后的效果。

图 5-56

图 5-57

5.2.6 溶解

"溶解"视频过渡效果组中包括MorphCut、"交叉溶解""叠加溶解""白场过渡"等7种效果。该效果组中的效果主要是通过淡化、溶解的方式转换场景。接下来对这7种效果进行讲解。

1. MorphCut

MorphCut视频过渡效果可以修复素材间的跳帧现象。

2. 交叉溶解

"交叉溶解"视频过渡效果将逐步降低素材A的不透明度直到完全透明，同时素材B逐渐显示。图5-58所示为添加"交叉溶解"视频过渡后的效果。

图 5-58

3. 叠加溶解

"叠加溶解"视频过渡效果中，素材A和素材B将以亮度叠加的方式相互融合，素材A逐渐变亮的同时慢慢显示出素材B。图5-59所示为添加"叠加溶解"视频过渡后的效果。

图 5-59

4. 白场过渡

"白场过渡"视频过渡效果中,素材A将逐渐变为白色,而素材B将从白色中显示出来。图5-60所示为添加"白场过渡"视频过渡后的效果。

图 5-60

5. 胶片溶解

"胶片溶解"视频过渡效果中,素材A将逐渐变为胶片反色直到消失,而同时素材B将由胶片反色逐渐显示至正常颜色。图5-61所示为添加"胶片溶解"视频过渡后的效果。

图 5-61

6. 非叠加溶解

"非叠加溶解"视频过渡效果中,素材A将从暗部逐渐消失,而素材B将从最亮部到最暗部依次显现。图5-62所示为添加"非叠加溶解"视频过渡后的效果。

图 5-62

7. 黑场过渡

"黑场过渡"视频过渡效果中,素材A将逐渐变为黑色,而素材B将同时从黑色中显示出来。图5-63所示为添加"黑场过渡"视频过渡后的效果。

图 5-63

5.2.7 缩放

"缩放"视频过渡效果组中仅包括"交叉缩放"一种效果。该效果主要是通过缩放图像完成场景转换的。在"交叉缩放"视频过渡效果中，素材A将逐渐放大至超出画面，素材B将以素材A最大的尺寸比例逐渐缩小至原始比例。图5-64所示为添加"交叉缩放"视频过渡后的效果。

图 5-64

5.2.8 页面剥落

"页面剥落"视频过渡效果组中包括"翻页"和"页面剥落"两种效果。该组过渡效果主要是通过翻页使素材A消失，同时显示出素材B。下面对这两种效果进行讲解。

1. 翻页

"翻页"视频过渡效果中，素材A将以页角对折的方式逐渐消失至完全显示出素材B。图5-65所示为添加"翻页"视频过渡后的效果。

图 5-65

2. 页面剥落

"页面剥落"视频过渡效果中，素材A将以翻页的方式逐渐消失至完全显示出素材B。图5-66所示为添加"页面剥落"视频过渡后的效果。

图 5-66

课堂练习 制作影片开头序幕

除了视频、图像素材外,用户还可以为文字添加视频过渡效果,制作出特殊的文字出现或消失的效果。下面以影片开头序幕的制作为例,对视频过渡效果的应用进行介绍。

步骤 01 打开Premiere软件,新建项目和序列。按Ctrl+I组合键导入素材文件"森林.mp4"和"背景配乐.mp3",如图5-67所示。

图 5-67

步骤 02 选中"森林.mp4"素材,将其拖曳至"时间轴"面板的V1轨道中,右击鼠标,在弹出的快捷菜单中选择"速度/持续时间"命令,调整该素材的持续时间为23秒,效果如图5-68所示。

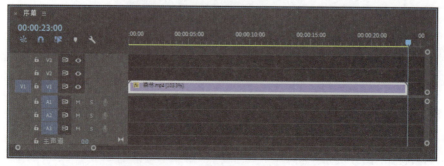

图 5-68

步骤 03 执行"文件"|"新建"|"旧版标题"命令,打开"新建字幕"对话框,保持默认设置,单击"确定"按钮,打开"旧版标题设计器"面板。使用"文字工具"输入文字,在"属性"面板中设置文字参数,如图5-69所示。

图 5-69

步骤 04 关闭"旧版标题设计器"面板。在"项目"面板中选择字幕素材,将其拖曳至"时间轴"面板的V2轨道中,如图5-70所示。

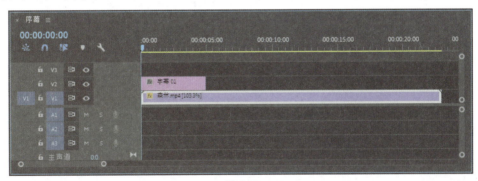

图 5-70

步骤 05 在"效果"面板中搜索"交叉溶解"视频过渡效果,将其拖曳至V2轨道中的素材入点处,如图5-71所示。

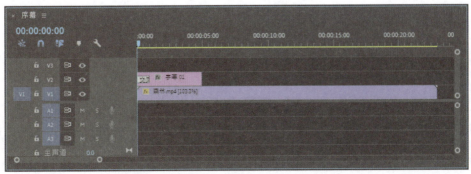

图 5-71

步骤06 选中添加的视频过渡效果,在"效果控件"面板中设置"持续时间"为2秒,如图5-72所示。

图 5-72

步骤07 使用相同的方法,在素材出点处添加"交叉溶解"视频过渡效果,并设置其持续时间为1秒,如图5-73所示。

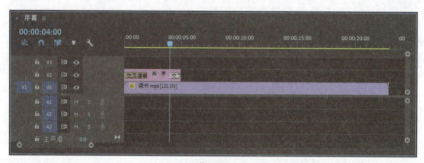

图 5-73

步骤08 执行"文件"|"新建"|"旧版标题"命令,打开"新建字幕"对话框,保持默认设置,单击"确定"按钮,打开"旧版标题设计器"面板。使用"文字工具"输入文字,在"属性"面板中设置文字参数,如图5-74所示。

图 5-74

步骤09 关闭"旧版标题设计器"面板,移动"时间轴"面板中的播放指示器至00:00:04:00处。在"项目"面板中选择新建的字幕素材,将其拖曳至"时间轴"面板中的V3轨道播放指示器右侧,并调整其持续时间为3秒,如图5-75所示。

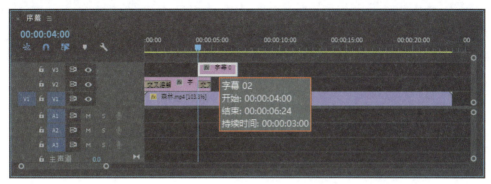

图 5-75

步骤10 在"效果"面板中搜索"交叉溶解"视频过渡效果,将其拖曳至新添加的字幕素材的入点和出点处,如图5-76所示。

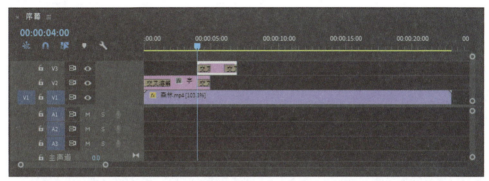

图 5-76

步骤11 选中V3轨道中的字幕素材,按住Alt键向右拖曳复制,如图5-77所示。

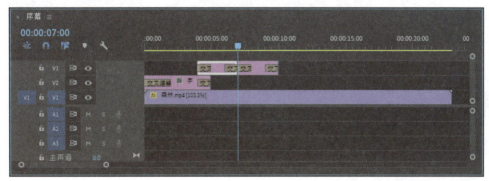

图 5-77

步骤12 选中复制的素材,双击打开"旧版标题设计器"面板,更改文字内容,并调整其位置,如图5-78所示。

图 5-78

步骤 13 使用相同的方法,复制文字并进行调整,如图5-79所示。

图 5-79

步骤 14 此时,"时间轴"面板中效果如图5-80所示。

步骤 15 在"效果"面板中搜索"黑场过渡"视频过渡效果,将其拖曳至V1轨道中的素材入点和出点处,如图5-81所示。

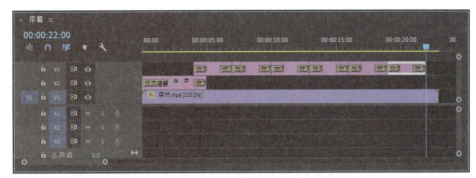

图 5-80

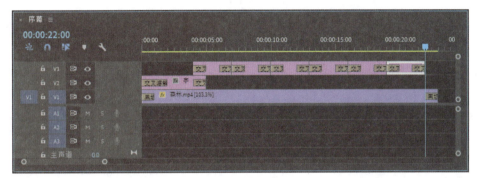

图 5-81

步骤 16 从"项目"面板中拖曳"背景配乐.mp3"素材至"时间轴"面板的A1轨道中，使用"剃刀工具"裁剪音频素材并删除多余部分，如图5-82所示。

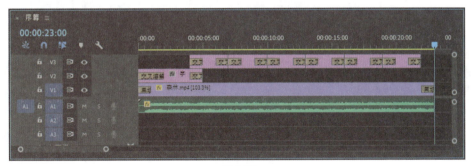

图 5-82

步骤 17 在"效果"面板中搜索"指数淡化"音频过渡效果，将其拖曳至A1轨道中的素材出点处，调整其持续时间为2秒，如图5-83所示。

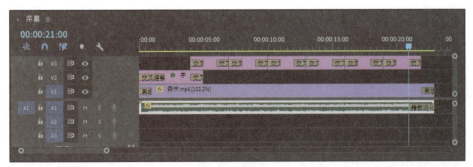

图 5-83

步骤 18 选中A1轨道中的音频素材，在"效果控件"面板的"音量"选项组中设置"级别"参数为-15.0dB，如图5-84所示。

图 5-84

步骤 19 至此，影片开头序幕制作完成。在"节目监视器"面板中按空格键预览，效果如图5-85所示。

图 5-85

强化训练

1. 项目名称

制作四季变换短视频。

2. 项目分析

通过视频过渡效果，用户可以使静态的图像呈现出动态的效果。现需根据已有素材制作四季变换短视频。在图像素材之间添加视频过渡效果，使素材变化更加流畅；添加文字信息，增加视频内涵。

3. 项目效果

项目效果如图5-86所示。

图 5-86

4. 操作提示

①打开Premiere软件，新建项目和序列后，导入素材文件。
②将图像素材添加至"时间轴"面板中，并添加视频过渡效果。
③新建字幕素材和矩形素材，嵌套素材并添加视频过渡效果。
④新建字幕素材，调整持续时间，添加视频过渡效果。

第6章

视频特效

内容导读

视频效果可以处理素材的画面效果，使之呈现不同的光彩。结合关键帧和蒙版的应用，还可以制作动态效果，使画面效果更加丰富。本章将对Premiere软件中的视频效果进行介绍。通过本章的学习，用户可了解软件中的视频效果，从而得心应手地应用。

要点难点

- 了解不同视频效果的作用。
- 学会应用视频效果。
- 学会运用关键帧和蒙版。

6.1 视频特效概述

将素材导入到软件后，用户可以通过视频效果对素材进行调整，使素材的视觉体验更佳。下面对视频效果的基础知识进行介绍。

6.1.1 内置视频特效

内置视频特效是Premiere软件自带的视频效果，无需安装，打开软件即可应用。图6-1所示为内置视频特效组。

图 6-1

> **操作技巧**
>
> 不同的视频效果可设置的参数也有所不同，用户在使用时根据需要自行设置即可。

6.1.2 外挂视频特效

外挂视频特效是指第三方提供的插件特效，与内置视频特效不同的是，外挂视频特效一般需要安装。用户可以通过安装使用不同的外挂视频特效，制作出Premiere软件自身不易制作或无法实现的某些特效。

6.1.3 视频特效参数设置

将视频效果拖曳至"时间轴"面板的素材上，即可应用该视频效果，选中添加视频效果的素材，在"效果控件"面板中可对该视频效果进行设置。图6-2所示为添加"亮度与对比度"视频效果时的"效果控件"面板。

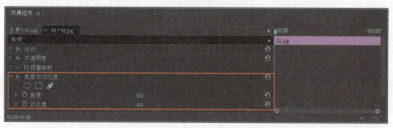

图 6-2

6.2 关键帧、蒙版和跟踪效果

帧是影像中最小单位的单幅影像画面，而关键帧是具有关键状态的帧，两个具有不同关键状态的帧之间就生成了动态效果。蒙版类似于Photoshop软件中的图层蒙版，可以帮助用户隐藏或显示画面中的内容。下面对关键帧和蒙版进行介绍。

6.2.1 添加关键帧

通过"效果控件"面板中的"切换动画"按钮 可以很方便地添加关键帧。选中"时间轴"面板中的素材文件，在"效果控件"面板中单击要制作变化效果参数左侧的"切换动画"按钮 ，即可在当前播放指示器所在处添加关键帧。移动播放指示器到下一处需要添加关键帧的位置，调整参数后，软件将自动在该处添加关键帧，此时，两个关键帧之间将生成动画效果。图6-3所示为添加的关键帧。

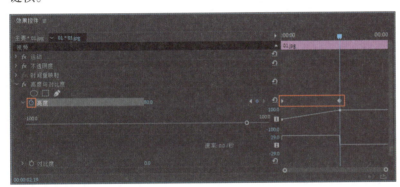

图 6-3

> **操作技巧**
>
> 为素材的运动效果（旋转、位置等）添加关键帧后，移动播放指示器至下一关键帧的位置，在"节目监视器"面板中选中素材并双击，显示其控制框，变换素材即可创建关键帧。

6.2.2 调整运动效果

选中"时间轴"面板中的素材，在"效果控件"面板中除了添加的视频效果外，还可以设置素材固有基础属性效果，如位置、缩放等。下面对常用的效果进行介绍。

1. 位置

通过给素材不同时间节点的"位置"属性添加关键帧并调整"位置"参数，可以使素材产生移动效果。

2. 缩放

在不同时间节点的"缩放"属性上添加关键帧并调整"缩放"参数，可以使素材产生缩放效果。

3. 旋转

在不同时间节点的"旋转"属性上添加关键帧并调整"旋转"

参数，可以使素材角度产生变化。

4. 防闪烁滤镜

"防闪烁滤镜"可以解决图像中的细线和锐利边缘显示在隔行扫描显示器上时存在闪烁的问题。数值越高，强度越大，消除的闪烁也越多，但图像也会随之变淡。

5. 不透明度

通过给素材不同时间节点的"不透明度"属性添加关键帧并调整"不透明度"参数，可以制作素材渐隐渐现的效果。

6.2.3 处理关键帧插值

插值是指在两个已知值之间填充未知数据的过程。通过设置关键帧插值，可以使运动效果更加平滑。Premiere软件中包括7种插值方法。选择"效果控件"面板中的关键帧，右击鼠标，在弹出的快捷菜单中执行命令，选择插值方法即可，如图6-4所示。

图 6-4

这7种插值方法的作用如下。

- **线性**：用于创建匀速变化的插值。
- **贝塞尔曲线**：用于提供手柄创建自由变化的插值。
- **自动贝塞尔曲线**：用于创建具有平滑的速率变化的插值。
- **连续贝塞尔曲线**：与自动贝塞尔曲线类似，但可以提供一些手动控件进行调整。
- **定格**：用于创建定格插值。
- **缓入**：用于创建缓入的插值。
- **缓出**：用于创建缓出的插值。

设置关键帧插值后，用户可以展开相应的属性参数，调整曲线设置变化速率，如图6-5所示。

> **知识拓展**
>
> 部分关键帧在设置插值时，可以在弹出的快捷菜单中执行"时间插值"命令或"空间插值"命令。其中"时间插值"命令是将选定的插值法应用于运动变化，决定了素材的运动速率；"空间插值"命令是将选定的插值法应用于形状变化，决定了素材运动轨迹是曲线还是直线。

图 6-5

6.2.4 蒙版和跟踪效果

蒙版可以隐藏或显示画面中的部分内容，使效果局限在某一区域内。而蒙版跟踪效果可以使蒙版自动跟随对象。下面对此进行介绍。

选中"时间轴"面板中的素材，在"效果控件"面板中单击相应效果选项卡中的"创建椭圆形蒙版"按钮◉、"创建4点多边形蒙版"按钮▢或"自由绘制贝塞尔曲线"按钮✎，即可创建蒙版，此时，"效果控件"面板中出现"蒙版"选项组，如图6-6所示。

图 6-6

"蒙版"选项组中各参数的作用如下。

- **蒙版路径**：用于添加关键帧设置跟踪效果。若蒙版停止跟踪剪辑，可以重新调整蒙版，再重新开始跟踪。
- **蒙版羽化**：用于柔和蒙版边缘。用户也可以直接调整"节目监视器"面板中蒙版周围的羽化手柄◉设置羽化量。
- **蒙版不透明度**：用于调整蒙版的不透明度。当不透明度数值为100时，蒙版完全不透明并会遮挡图层中位于其下方的区域。不透明度数值越小，蒙版下方的区域就越清晰可见。
- **蒙版扩展**：用于扩展蒙版范围。正值将外移边界，负值将内移边界。用户也可以直接调整"节目监视器"面板中蒙版周围的扩展手柄▢设置扩展量。
- **已反转**：选中该复选框，蒙版范围将被反转。

> 💡 **操作技巧**
>
> 单击"创建椭圆形蒙版"按钮◉或"创建4点多边形蒙版"按钮▢可直接在"节目监视器"面板中生成椭圆形或4点多边形蒙版，用户可以对蒙版路径进行调整；而单击"自由绘制贝塞尔曲线"按钮✎则需要在"节目监视器"面板中绘制闭合曲线创建蒙版。

课堂练习 遮挡水杯标志

在一些镜头画面中，为了避免纠纷，可以选择将部分标志马赛克处理。通过蒙版跟踪效果，可以很好地制作部分马赛克效果。下面以水杯标志的遮挡为例，对蒙版跟踪效果进行介绍。

步骤01 打开Premiere软件，新建项目和序列。按Ctrl+I组合键导入素材文件"水杯.mp4"，如图6-7所示。

图 6-7

步骤 02 将"项目"面板中的素材拖曳至"时间轴"面板的V1轨道中,如图6-8所示。

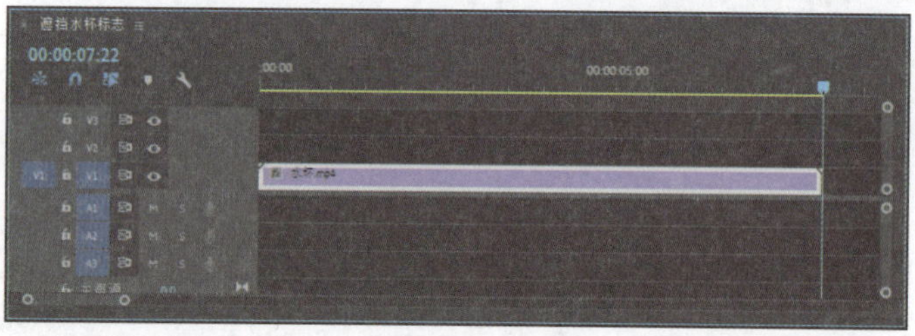

图 6-8

步骤 03 在"效果"面板中搜索"马赛克"效果,将其拖曳至V1轨道的素材上,在"效果控件"面板中设置参数,如图6-9所示。

图 6-9

步骤 04 移动播放指示器至00:00:04:12处,单击"马赛克"效果中的"创建椭圆形蒙版"按钮◯,此时"节目监视器"面板中出现一个椭圆形蒙版,使用"选择工具"调整蒙版的大小及位置,如图6-10所示。

图 6-10

步骤 05 单击"蒙版路径"参数左侧的"切换动画"按钮，添加关键帧，如图6-11所示。

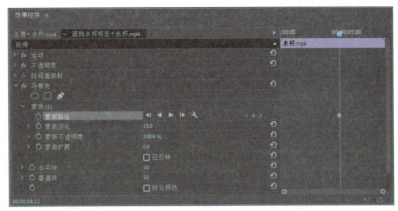

图 6-11

步骤 06 单击"蒙版路径"右侧的"向前跟踪所选蒙版"按钮，软件将自动跟踪蒙版区域创建关键帧，如图6-12所示。此时，"节目监视器"面板中的效果如图6-13所示。

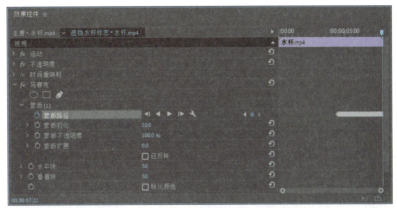

图 6-12

图 6-13

步骤 07 移动播放指示器至00:00:04:12处,单击"蒙版路径"右侧的"向后跟踪所选蒙版"按钮 ◀,跟踪蒙版区域创建关键帧,如图6-14所示。

图 6-14

步骤 08 至此,水杯标志的遮挡制作完成。在"节目监视器"面板中按空格键预览效果,如图6-15所示。

图 6-15

6.3 视频效果的应用

Premiere软件中包含多组内置视频效果,这些视频效果组的作用各有不同。下面对常用的部分视频效果组进行介绍。

6.3.1 变换

"变换"视频效果组中的效果可以使素材对象翻转,也可以改变其大小或羽化其边缘。如图6-16所示为该视频效果组中所包含的效果。下面对该组中的效果进行介绍。

图 6-16

1. 垂直翻转

"垂直翻转"效果可以垂直翻转素材对象。在"效果"面板中选择"垂直翻转"效果,将其拖曳至"时间轴"面板的素材上,即可在"节目监视器"面板中看到翻转的素材。如图6-17、图6-18所示分别为翻转前后的效果。

图 6-17　　　　　　　　　　图 6-18

2. 水平翻转

"水平翻转"效果可以水平翻转素材对象。在"效果"面板中选择"水平翻转"效果,将其拖曳至"时间轴"面板的素材上,即可在"节目监视器"面板中看到翻转的素材,如图6-19所示。

3. 羽化边缘

"羽化边缘"效果可以使素材对象画面周围产生羽化的效果。在"效果"面板中选择"羽化边缘"效果,将其拖曳至"时间轴"面板的素材上,在"效果控件"面板中调整"羽化边缘"效果参数,即可在"节目监视器"面板中预览效果,如图6-20所示。

图 6-19　　　　　　　　　　图 6-20

> **操作技巧**
>
> "自动重新构图"效果具有其自身的局限性,在处理复杂素材时有所不足,用户可以应用后再根据自身需求调整效果。

4. 自动重新构图

"自动重新构图"效果可以智能识别视频中的内容,并对不同的长宽比重新剪辑。当将横屏素材转换为竖屏素材时,就可以应用该效果。

5. 裁剪

"裁剪"效果可以裁剪素材边缘。在"效果"面板中选择"裁剪"效果,将其拖曳至"时间轴"面板的素材上,在"效果控件"面板中调整"裁剪"效果参数,即可在"节目监视器"面板中预览效果。图6-21所示为"效果控件"面板中"裁剪"效果的参数设置。

图 6-21

"裁剪"效果各参数的作用如下。

- **左侧/顶部/右侧/底部**：分别用于设置画面同方向裁剪的大小。
- **缩放**：用于设置画布大小裁剪后的素材。
- **羽化边缘**：用于设置裁剪后的素材边缘羽化程度。

6.3.2 图像控制

"图像控制"视频效果组中的效果可以处理素材图像中的特定颜色，制作特殊的视觉效果。图6-22所示为该视频效果组中包含的效果。下面对该组中的效果进行介绍。

图 6-22

1. 灰度系数校正

"灰度系数校正"效果可以在不改变图像高亮区域的情况下使图像变亮或变暗。图6-23、图6-24所示分别为添加"灰度系数校正"效果前后的效果。

图 6-23　　　　　　　　图 6-24

2. 颜色平衡（RGB）

"颜色平衡（RGB）"效果可以通过调整素材对象RGB三种色值的方式调整画面颜色平衡。图6-25所示为调整后的效果。

3. 颜色替换

"颜色替换"效果可以将素材中指定的颜色替换掉，而其他颜色不变。图6-26所示为替换后的效果。

图 6-25

图 6-26

4. 颜色过滤

"颜色过滤"效果可以过滤掉指定颜色以外的其他颜色,使其他颜色呈灰色模式显示或使指定的颜色呈灰色模式显示。图6-27所示为过滤后的效果。

5. 黑白

"黑白"效果可以去除素材的颜色信息,将彩色图像转换为黑白图像,如图6-28所示。

图 6-27

图 6-28

6.3.3 实用程序

"实用程序"视频效果组中只包括"Cineon转换器"一种效果。该效果可以控制Cineon帧的颜色转换,常用于将运动图片电影转换成数字电影时。图6-29、图6-30所示分别为应用"Cineon转换器"的前后效果。

图 6-29

图 6-30

6.3.4 扭曲

"扭曲"视频效果组中的效果可以使素材对象产生扭曲变形。该效果组中包括"偏移""变形稳定器""变换"等12种效果。下面对这些效果进行介绍。

1. 偏移

"偏移"效果可以使素材在水平或垂直方向上产生位移。图6-31、图6-32所示分别为偏移前后的效果。

图 6-31

图 6-32

2. 变形稳定器

"变形稳定器"效果可以消除素材中因摄像机移动而造成的抖动，使素材流畅稳定。

3. 变换

"变换"效果可以变换素材位置、缩放素材或倾斜素材，也可以调整其不透明度。在"效果控件"面板中可设置的"变换"效果的参数，如图6-33所示，用户根据需要设置即可。

图 6-33

4. 放大

"放大"效果相当于在素材上添加了一个放大镜，可以放大素材局部。图6-34所示为局部放大效果。

图 6-34

5. 旋转扭曲

"旋转扭曲"效果可以使素材图像沿中心轴旋转变形,如图6-35所示。

图 6-35

6. 果冻效应修复

"果冻效应修复"效果可以修复由于时间延迟导致的录制不同步的果冻效应扭曲。

7. 波形变形

"波形变形"效果可使素材画面产生波纹效果,如图6-36所示。

图 6-36

8. 湍流置换

"湍流置换"效果可以使素材在多个方向上扭曲变形,如图6-37所示。

图 6-37

9. 球面化

"球面化"效果可以将图像的局部变形,产生类似球面凸起的效果,如图6-38所示。

图 6-38

10. 边角定位

"边角定位"效果可以通过改变图像四个边角的位置,使图像扭曲,如图6-39所示。

图 6-39

11. 镜像

"镜像"效果可以沿指定的分割线镜像素材,使其对称翻转。图6-40所示为"效果控件"面板中"镜像"效果的参数设置。

图 6-40

12. 镜头扭曲

"镜头扭曲"效果可以制作素材图像在水平方向和垂直方向上扭曲的效果。图6-41所示为"效果控件"面板中"镜头扭曲"效果的参数设置。

图 6-41

在"效果控件"面板中对"镜头扭曲"效果进行设置,效果如图6-42所示。

图 6-42

6.3.5 时间

"时间"视频效果组中的效果可以操作素材的帧,该效果组中包括"残影"和"色调分离时间"两种效果。下面对这两种效果进行介绍。

1. 残影

"残影"效果可以混合动态素材中不同帧的像素,将动态素材中前几帧的图像以半透明的形式覆盖在当前帧上。图6-43、图6-44所示分别为添加"残影"效果前后的效果。

图 6-43

图 6-44

2. 色调分离时间

"色调分离时间"效果可以制作自然的抽帧卡顿效果。图6-45所示为"效果控件"面板中"色调分离时间"效果的参数设置。用户可以通过降低帧速率制作抽帧效果。

图 6-45

6.3.6 杂色与颗粒

"杂色与颗粒"视频效果组中的效果可以使图像效果更加柔和或添加杂色颗粒。该效果组中包括"中间值（旧版）""杂色""杂色Alpha"等6种效果。下面对这些效果进行介绍。

1. 中间值（旧版）

"中间值（旧版）"效果可以用一定半径内的相邻像素的RGB平衡值代替画面中的每个像素。当"半径"较低时，可以减少某些类型的杂色。图6-46、图6-47所示分别为添加"中间值（旧版）"效果前后的效果。

图 6-46

图 6-47

2. 杂色

"杂色"效果可以在素材图像中添加噪点。图6-48所示为"效果控件"面板中"杂色"效果的参数设置。用户可以通过设置"杂色数量"来控制杂色的多少,通过设置"杂色类型"来控制添加的杂色是单色还是彩色。

图 6-48

3. 杂色 Alpha

"杂色Alpha"效果可以在素材的Alpha通道上生成杂色。图6-49所示为添加"杂色Alpha"视频效果后的效果。

图 6-49

4. 杂色 HLS

"杂色HLS"效果可以在素材图像上生成杂色,并对其色相、亮度等进行调整。图6-50所示为添加"杂色HLS"视频效果后的效果。

图 6-50

5. 杂色 HLS 自动

"杂色HLS自动"效果与"杂色HLS"效果类似,但"杂色HLS自动"效果可以创建动态的杂色效果。图6-51所示为"效果控件"面板中"杂色HLS自动"效果的参数设置。用户可以通过设置"杂色动画速度"来控制杂色运动的速度。

图 6-51

6. 蒙尘与划痕

"蒙尘与划痕"效果可以减少杂色与瑕疵,实现图像锐度与隐藏瑕疵之间的平衡。

6.3.7 模糊与锐化

"模糊与锐化"视频效果组中的效果可以调整素材画面的模糊与锐化。该效果组中包括"减少交错闪烁""复合模糊""方向模糊""相机模糊"等8种效果。下面对这8种效果进行介绍。

1. 减少交错闪烁

"减少交错闪烁"效果可以减少隔行扫描显示器中图像中闪烁的细线和锐利边缘。

2. 复合模糊

"复合模糊"效果可以通过指定的模糊图层和最大模糊设置模糊效果。图6-52、图6-53所示分别为添加"复合模糊"效果前后的效果。

图 6-52

图 6-53

3. 方向模糊

"方向模糊"效果可以使素材图像产生运动方向的模糊。图6-54所示为添加"方向模糊"效果后的画面效果。

图 6-54

4. 相机模糊

"相机模糊"效果可以模拟相机拍摄时没有对焦产生的模糊效果,如图6-55所示。

图 6-55

5. 通道模糊

"通道模糊"效果将对素材中的红、绿、蓝、Alpha通道进行单独模糊。图6-56所示为添加"通道模糊"效果后的画面效果。

图 6-56

6. 钝化蒙版

"钝化蒙版"效果可以通过提高素材画面中相邻像素的对比程度,锐化素材图像。图6-57所示为添加"钝化蒙版"效果后的画面效果。

图 6-57

7. 锐化

"锐化"效果可增加颜色对比度,使素材画面更清晰,如图6-58所示。

图 6-58

8. 高斯模糊

"高斯模糊"效果可模糊、柔化素材图像,从而产生模糊效果。图6-59所示为添加"高斯模糊"效果后的画面效果。

> **操作技巧**
>
> 应用"高斯模糊"视频效果时,用户可以选中"效果控件"面板中的"重复边缘像素"复选框,避免素材边缘出现黑边。

图 6-59

6.3.8 生成

"生成"视频效果组中的效果可以在素材画面中添加一些特殊的效果,如单元格图案、渐变、光晕等。该效果组中包括"书写""单元格图案""吸管填充"等12种效果。下面对这些效果进行介绍。

1. 书写

"书写"效果可以模拟书写绘画的效果。这种效果是通过在素材上创建画笔运动的关键帧动画并记录运动路径来实现的。图6-60所示为"效果控件"面板中"书写"效果的参数设置。通过添加"画笔位置"关键帧,即可创建书写动画。

图 6-60

2. 单元格图案

"单元格图案"效果可以在素材画面中生成不规则的单元格。图6-61、图6-62所示分别为添加"单元格图案"效果前后的效果。

学习笔记

图 6-61

图 6-62

3. 吸管填充

"吸管填充"效果可以应用采样点的颜色至整个画面。

4. 四色渐变

"四色渐变"效果可以用四种颜色的渐变效果覆盖整个画面,通过调整其不透明度和混合模式,从而达到较好的效果。图6-63所示为添加"四色渐变"效果后的画面效果。

127

图 6-63

5. 圆形

"圆形"效果可以在素材画面中创建圆形或圆环。图6-64所示为利用"圆形"效果绘制的圆环。

图 6-64

6. 棋盘

"棋盘"效果可以在素材画面上创建棋盘格的图案,如图6-65所示。

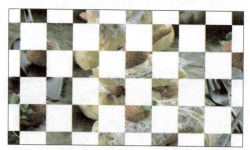

图 6-65

7. 椭圆

"椭圆"效果可以在素材画面中创建椭圆形或圆形的光圈图案,如图6-66所示。

图 6-66

8. 油漆桶

"油漆桶"效果可以将素材中指定区域的某种颜色替换为纯色。

9. 渐变

"渐变"效果可以在素材画面中添加渐变,如图6-67所示。

图 6-67

10. 网格

"网格"效果可以在素材画面中添加网格,如图6-68所示。

图 6-68

11. 镜头光晕

"镜头光晕"效果可以在素材画面中模拟摄像机镜头拍摄出的强光折射效果,如图6-69所示。

图 6-69

12. 闪电

"闪电"效果可以在素材画面中添加闪电,如图6-70所示。

图 6-70

6.3.9 视频

"视频"效果组中的效果可以显示素材剪辑的一些基础信息，如名称、时间码等。该效果组中包括"SDR遵从情况""剪辑名称""时间码""简单文本"4种效果。下面对这些效果进行介绍。

1. SDR 遵从情况

"SDR遵从情况"效果可以将HDR格式的素材转换为SDR格式。

2. 剪辑名称

"剪辑名称"效果可以显示素材的名称信息，如图6-71所示。

图 6-71

3. 时间码

"时间码"效果可以在素材画面中添加该素材剪辑的时间码，如图6-72所示。

图 6-72

4. 简单文本

"简单文本"效果可以在素材画面中添加简单的文本。

课堂练习 制作进度条效果

进度条是一种非常有趣的动态效果,Premiere软件中用户可以结合多种视频效果与关键帧制作进度条动画。下面对此进行介绍。

步骤 01 打开Premiere软件,新建项目和序列。按Ctrl+I组合键导入素材文件"静止.png""烟花.mp4""百分比.png""圆角1.png"和"圆角2.png",如图6-73所示。

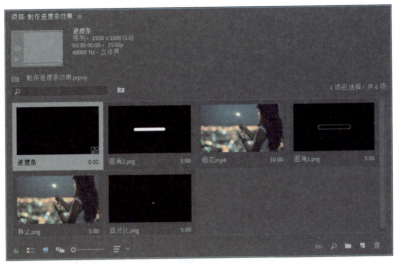

图 6-73

步骤 02 将"项目"面板中的"静止.png"素材拖曳至"时间轴"面板的V1轨道中,调整其持续时间为4 s。拖曳"烟花.mp4"素材至V1轨道中素材的出点处,如图6-74所示。

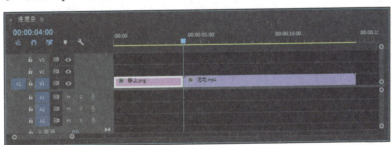

图 6-74

步骤 03 在"效果"面板中搜索"高斯模糊"视频效果,将其拖曳至V1轨道的"静止.png"素材上,在"效果控件"面板中设置参数,如图6-75所示。

图 6-75

步骤 04 在"效果"面板中搜索"时间码"视频效果,将其拖曳至V1轨道的"静止.png"素材上,在"效果控件"面板中设置参数,如图6-76所示。此时"节目监视器"面板中的效果如图6-77所示。

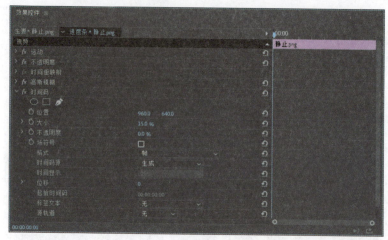

图 6-76

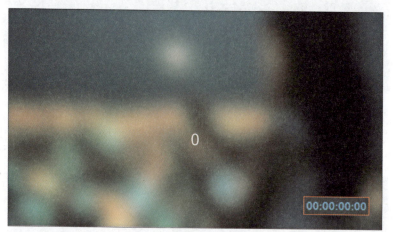

图 6-77

步骤 05 将素材"圆角1.png""圆角2.png"和"百分比.png"依次拖曳至"时间轴"面板的V2、V3、V4轨道上,并调整持续时间与"静止.png"素材的一致,如图6-78所示。

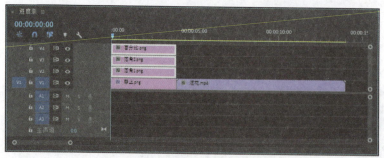

图 6-78

步骤 06 在"效果"面板中搜索"线性擦除"视频效果,将其拖曳至V3轨道的素材上。移动播放指示器至00:00:00:00处,在"效果控件"面板中单击"过渡完成"参数前的"切换动画"按钮 ,添加关键帧,并设置"过渡完成"参数为70%,"擦除角度"参数为-90.0°,如图6-79所示。

图 6-79

步骤 07 移动播放指示器至00:00:04:00处,调整"过渡完成"参数为30%,软件将自动添加关键帧,如图6-80所示。

图 6-80

步骤 08 在"时间轴"面板中选中除"烟花.mp4"素材以外的所有素材,右击鼠标,在弹出的快捷菜单中执行"嵌套"命令,嵌套素材文件,如图6-81所示。

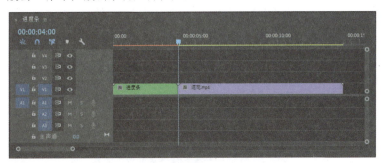

图 6-81

步骤 09 在"效果"面板中搜索"交叉溶解"视频过渡效果,将其拖曳至嵌套素材和"烟花.mp4"素材之间,添加视频过渡,如图6-82所示。

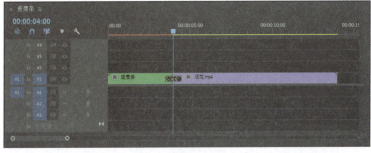

图 6-82

步骤 10 至此，完成进度条效果的制作。在"节目监视器"面板中按空格键预览，如图6-83所示。

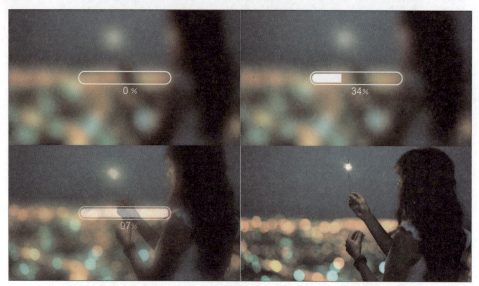

图 6-83

6.3.10 调整

"调整"视频效果组中的效果可以对素材的亮度、对比度等参数进行调整，常用于修复原始素材在曝光、色彩等方面的不足或制作特殊的色彩效果。下面对其进行介绍。

1. ProcAmp

ProcAmp效果可以对素材画面的亮度、对比度、色相、饱和度等进行整体调节。图6-84所示为"效果控件"面板中ProcAmp效果的参数设置。

图 6-84

其中，选中"拆分屏幕"复选框可将"节目监视器"面板中的画面按照"拆分百分比"参数拆分为两部分，方便用户查看原图像与调整后的效果。

2. 光照效果

"光照效果"可以模拟光打在素材画面中的效果。图6-85、图6-86所示分别为添加"光照效果"效果前后的效果。

图 6-85

图 6-86

3. 卷积内核

"卷积内核"效果可以根据卷积的数学运算设置画面的亮度值。

4. 提取

"提取"效果可以去除素材颜色，使其呈灰度模式显示，如图6-87所示。

图 6-87

5. 色阶

"色阶"效果可以调整素材的亮度、对比度和色彩，改变图像的效果。图6-88所示为添加"色阶"效果后的画面效果。

图 6-88

6.3.11 过时

"过时"视频效果组中的效果是Premiere旧版本中作用较好的、被保留下来的效果或一些可替代的效果。该效果组中包括"RGB曲线""RGB颜色校正器""三向颜色校正器"等12种效果。下面对这12种效果进行介绍。

1. RGB 曲线

"RGB曲线"效果可以通过调节不同颜色通道的曲线调整素材画面的颜色。图6-89、图6-90所示分别为调整"RGB曲线"前后的效果。

图 6-89

图 6-90

2. RGB 颜色校正器

"RGB颜色校正器"效果可以通过调整素材的色调范围，从而调整素材画面的颜色。图6-91所示为添加"RGB颜色校正器"效果后的画面效果。

3. 三向颜色校正器

"三向颜色校正器"效果可以通过色轮调节素材图像的阴影、高光和中间调。图6-92所示为添加"三向颜色校正器"效果后的画面效果。

图 6-91

图 6-92

4. 亮度曲线

"亮度曲线"效果可以通过调节亮度曲线来调整素材图像的亮度。图6-93所示为添加"亮度曲线"效果后的画面效果。

5. 亮度校正器

"亮度校正器"效果可以对不同色调范围的亮度、对比度等进行设置，从而改变图像亮度。图6-94所示为添加"亮度校正器"效果后的画面效果。

图 6-93

图 6-94

6. 快速模糊

"快速模糊"效果类似于"高斯模糊"视频效果,用户可以通过设置"模糊度"和"模糊维度"参数快速地创建模糊效果。图6-95所示为"效果控件"面板中"快速模糊"效果的参数设置。

图 6-95

7. 快速颜色校正器

"快速颜色校正器"效果可以通过调整素材画面的色相来快速校正颜色。

8. 自动对比度

"自动对比度"效果可以自动调整素材画面的对比度。用户也可以在"效果控件"面板中手动调整。图6-96所示为"效果控件"面板中"自动对比度"效果的参数设置。

图 6-96

9. 自动色阶

"自动色阶"效果可以自动调整素材画面的色阶,常用于修复偏色。用户也可以在"效果控件"面板中手动调整。

10. 自动颜色

"自动颜色"效果可以自动调整素材画面的颜色。用户也可以在"效果控件"面板中手动调整。

11. 视频限幅器(旧版)

"视频限幅器(旧版)"效果可以对图像的色彩值进行调整,可设置视频限制的范围,使其符合视频限制的要求,以保证其能在正常范围内显示。

12. 阴影/高光

"阴影/高光"命令可以调整素材的阴影和高光部分。图6-97所示为"效果控件"面板中"阴影/高光"效果的参数设置。

图 6-97

6.3.12 过渡

"过渡"视频效果组中的效果可以结合关键帧在素材上添加过渡的效果。该效果组中包括"块溶解""径向擦除""渐变擦除"等5种效果。下面对其进行介绍。

1. 块溶解

"块溶解"效果可以制作素材在"节目监视器"面板中显现或消失的效果。图6-98、图6-99所示分别为添加并调整"块溶解"效果前后的效果。

图 6-98

图 6-99

2. 径向擦除

"径向擦除"效果可以围绕指定点擦除素材,显示出下面轨道的素材,如图6-100所示。

图 6-100

3. 渐变擦除

"渐变擦除"效果可以基于另一视频轨道中的像素的明亮度,如图6-101所示。

图 6-101

4. 百叶窗

"百叶窗"效果使用指定方向和宽度的条纹擦除当前素材,从而模拟百叶窗的效果,如图6-102所示。

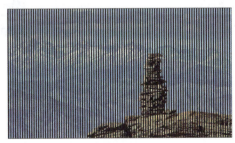

图 6-102

5. 线性擦除

"线性擦除"效果可以沿指定的方向擦除当前素材,如图6-103所示。

图 6-103

6.3.13　透视

"透视"视频效果组中的效果可以制作三维立体效果和空间效果。下面对该效果组中的5种效果进行介绍。

1. 基本 3D

"基本3D"效果可以模拟平面图像在空间中运动产生透视的效果。图6-104、图6-105所示分别为添加"基本3D"效果前后的效果。

图 6-104

图 6-105

2. 径向阴影

"径向阴影"效果可以通过设置光源位置及投影距离制作阴影效果。图6-106所示为添加"径向阴影"效果后的画面效果。

图 6-106

3. 投影

"投影"效果可以为素材添加投影效果。图6-107所示为添加"投影"效果后的画面效果。

图 6-107

4. 斜面 Alpha

"斜面Alpha"效果可以使图像中的Alpha通道产生斜面效果。图6-108所示为添加"斜面Alpha"效果后的画面效果。

图 6-108

5. 边缘斜面

"边缘斜面"效果可以使素材边缘处产生三维斜角的效果。图6-109所示为添加"边缘斜面"效果后的画面效果。

图 6-109

6.3.14 通道

"通道"视频效果组中的效果可以通过转换或插入素材通道来改变素材效果。下面对此进行介绍。

1. 反转

"反转"效果可以将素材的颜色反色处理,制作类似负片的效果。图6-110、图6-111所示分别为添加"反转"效果前后的效果。

图 6-110

图 6-111

2. 复合运算

"复合运算"效果可以通过数学运算的方式合成当前层和指定层的素材图像。图6-112所示为添加"符合运算"效果后的画面效果。

图 6-112

3. 混合

"混合"效果可以利用不同的混合模式混合两个素材对象,制作出特殊的颜色效果。图6-113所示为添加"混合"效果后的画面效果。

图 6-113

4. 算术

"算术"效果可以对素材图像的RGB通道进行简单的数学运算，从而改变画面效果，如图6-114所示。

图 6-114

5. 纯色合成

"纯色合成"效果可以在当前素材图层后添加纯色，通过调整其不透明度及混合模式来制作效果。图6-115所示为添加"纯色合成"效果后的画面效果。

图 6-115

6. 计算

"计算"效果可以混合一个素材和另一个素材的通道。图6-116所示为添加"计算"效果后的画面效果。

图 6-116

7. 设置遮罩

"设置遮罩"效果可以由其他轨道的剪辑或由自身的某个通道生成自身的Alpha通道。图6-117所示为添加"设置遮罩"效果后的画面效果。

图 6-117

6.3.15 键控

"键控"视频效果组中的效果可以清除图像中的指定内容，形成抠像，也可以创建两个重叠素材的叠加效果。下面对该组中的9种效果进行介绍。

1. Alpha 调整

"Alpha调整"效果可以控制像素的不透明度制作抠像效果。

2. 亮度键

"亮度键"效果可抠出图层中具有指定明亮度或亮度的所有区域。添加该效果后，在"效果控件"面板中设置"阈值"参数和"屏蔽度"参数即可。

3. 图像遮罩键

"图像遮罩键"效果可选择外部图像作为遮罩，制作抠像效果。

4. 差值遮罩

"差值遮罩"效果可以叠加两个轨道中素材相互不同部分的纹理，制作抠像效果。

5. 移除遮罩

"移除遮罩"效果可以清除图像遮罩边缘的黑白颜色残留。

6. 超级键

"超级键"效果可以指定图像中的颜色范围以生成遮罩，并进行精细设置。图6-118、图6-119所示分别为添加并调整"超级键"效果前后的效果。

图 6-118

图 6-119

7. 轨道遮罩键

"轨道遮罩键"效果可以以上层轨道中的图像遮罩当前轨道。图6-120所示为添加"轨道遮罩键"效果后的画面效果。

图 6-120

8. 非红色键

"非红色键"效果可以去除素材图像中红色以外的颜色。

9. 颜色键

"颜色键"效果可以清除素材图像中指定的颜色。图6-121所示为添加"颜色键"效果后的画面效果。

图 6-121

课堂练习 | 制作摄像机录制效果

在Premiere软件中，用户可以使用视频效果将录制框和视频结合在一起，提高视频的真实感。下面以摄像机录制效果的制作为例，对"超级键"视频效果进行介绍。

步骤01 打开Premiere软件，新建项目和序列。按Ctrl+I组合键导入素材文件"短片.mp4"和"录制框.mp4"，如图6-122所示。

图 6-122

步骤02 将"项目"面板中的"短片.mp4"素材拖曳至"时间轴"面板的V1轨道上，将"录制框.mp4"素材拖曳至V2轨道上，如图6-123所示。

图 6-123

步骤03 移动"时间轴"面板中的播放指示器至V1轨道中的素材出点处，使用"剃刀工具"裁切V2轨道中的素材，并删除右半部分，如图6-124所示。

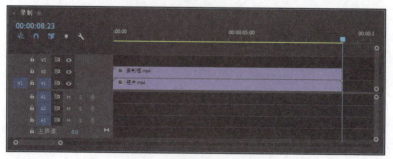

图 6-124

步骤04 在"效果"面板中搜索"超级键"视频效果,将其拖曳至V2轨道的素材上。在"效果控件"面板中单击"超级键"选项组中"主要颜色"参数右侧的吸管工具,在"节目监视器"面板中单击绿色部分,吸取颜色,如图6-125所示。

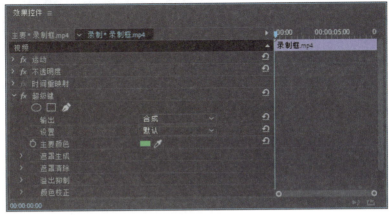

图 6-125

步骤05 至此,摄像机录制效果制作完成。在"节目监视器"面板中按空格键预览效果,如图6-126所示。

图 6-126

6.3.16 颜色校正

"颜色校正"视频效果组中的效果可以校正素材图像的颜色。该效果组中包括"ASC CDL""Lumetri颜色""亮度与对比度""保留颜色""均衡"等12种效果,下面将对这些效果进行介绍。

1. ASC CDL

ASC CDL效果可以调整红、绿、蓝参数和饱和度来校正素材颜色。图6-127、图6-128所示分别为添加并调整ASC CDL效果前后的效果。

图 6-127

图 6-128

> **知识拓展**
> Premiere软件中有专门的"Lumetri"面板用于调色。用户可以切换至"颜色"工作区进行应用。

2. Lumetri 颜色

"Lumetri颜色"效果可以应用Lumetri Looks颜色分级引擎链接文件中的色彩校正预设项目,从而校正图像的色彩。

3. 亮度与对比度

"亮度与对比度"效果可以调整素材图像的亮度和对比度。图6-129所示为添加"亮度与对比度"效果后的画面效果。

图 6-129

4. 保留颜色

"保留颜色"效果可以保留指定的颜色,去除其他颜色。图6-130所示为添加"保留颜色"效果后的画面效果。

图 6-130

5. 均衡

"均衡"效果可以平均化处理素材图像中像素的颜色值和亮度等参数。

6. 更改为颜色

"更改为颜色"效果可以将素材图像中的一种颜色更改为另一种颜色。

7. 更改颜色

"更改颜色"效果可以调整指定颜色的色相、饱和度和亮度等参数。图6-131所示为"效果控件"面板中"更改颜色"效果的参数设置。用户选择要更改的颜色进行设置即可。

图 6-131

8. 色彩

"色彩"效果可以将相等的图像灰度范围映射到指定的颜色,即在图像中将阴影映射到一个颜色,将高光映射到另一个颜色,而中间调映射到两个颜色之间。图6-132所示为添加"色彩"效果后的画面效果。

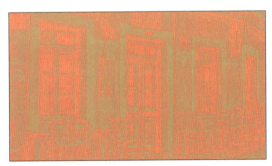

图 6-132

9. 视频限制器

"视频限制器"效果可以限制素材图像的亮度和颜色,使其满足广播级标准的范围。

10. 通道混合器

"通道混合器"效果可以调整RGB各个通道的参数来控制图像色彩。图6-133所示为添加"通道混合器"效果后的画面效果。

图 6-133

11. 颜色平衡

"颜色平衡"效果可以通过调整素材图像中阴影、高光和中间调中RGB颜色所占的比例来调整图像色彩。图6-134所示为添加"颜色平衡"效果后的画面效果。

图 6-134

12. 颜色平衡（HLS）

"颜色平衡（HLS）"效果可以通过调整素材图像中的色相、亮度和饱和度等参数来调整图像色彩。图6-135所示为添加"颜色平衡（HLS）"效果后的画面效果。

图 6-135

6.3.17 风格化

"风格化"视频效果组可以艺术化处理素材图像，使其具有独特的艺术风格。该效果组中有"Alpha发光""复制""彩色浮雕"等13种效果。下面对其进行介绍。

1. Alpha 发光

"Alpha发光"效果可以将含有Alpha通道的素材边缘向外生成单色或双色过渡的发光效果。

2. 复制

"复制"效果可以复制并平铺素材图像。图6-136、图6-137所示分别为添加"复制"效果前后的效果。

图 6-136

图 6-137

3. 彩色浮雕

"彩色浮雕"效果可以在画面中产生彩色浮雕效果。

4. 曝光过度

"曝光过度"效果可以模拟制作相机底片曝光的效果。

5. 查找边缘

"查找边缘"效果可以识别并突出有明显过渡的图像边缘,产生线条图效果。图6-138所示为添加"查找边缘"效果后的画面效果。

图 6-138

6. 浮雕

"浮雕"效果可以在画面中产生灰色浮雕效果。

7. 画笔描边

"画笔描边"效果可以模拟画笔绘图的效果，得到类似油画的图像。图6-139所示为添加"画笔描边"效果后的画面效果。

图 6-139

8. 粗糙边缘

"粗糙边缘"效果可以将素材图像的边缘粗糙化，得到特殊的纹理效果。图6-140所示为添加"粗糙边缘"效果后的画面效果。

图 6-140

9. 纹理

"纹理"效果可以将指定图层中图像的纹理外观添加至当前图层的图像上。

10. 色调分离

"色调分离"效果可以简化素材图像中有丰富色阶渐变的颜色，从而让图像呈现出木刻版画或卡通画的效果。图6-141所示为添加"色调分离"效果后的画面效果。

图 6-141

11. 闪光灯

"闪光灯"效果可以制作播放闪烁的效果。

12. 阈值

"阈值"效果可以将素材图像变为黑白模式。图6-142所示为添加"阈值"效果后的画面效果。

图 6-142

13. 马赛克

"马赛克"效果可以在素材图像上添加马赛克。图6-143所示为添加"马赛克"效果后的画面效果。

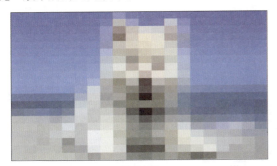

图 6-143

强化训练

1. 项目名称

制作微观模型效果。

2. 项目分析

微观模型效果是指一种类似于观看小人国世界的效果。现需处理已有的素材，使其呈现微观模型效果。通过"高斯模糊"视频效果制作大面积的景深效果，为模糊效果添加蒙版，使主体区域清晰，使其效果更加类似模型效果。

3. 项目效果

项目效果如图6-144所示。

图 6-144

4. 操作提示

①打开Premiere软件，新建项目和序列后导入素材文件。

②将素材添加至"时间轴"面板中，添加"高斯模糊"视频效果。

③创建蒙版，制作大面积的景深虚化的效果。

第 7 章

音频剪辑

内容导读

声音可以烘托影片氛围、传递创作者的情感,还可以起到点明影片主旨、控制影片节奏的作用。本章将针对音频的编辑进行介绍。通过本章的学习,用户可以了解音频的基础知识,掌握音频剪辑的方法。

要点难点

- 了解声道的分类。
- 了解音频控制面板。
- 学会剪辑音频的方法。
- 熟悉音频效果和音频过渡效果。

7.1 声道

声道是指声音在录制或播放时在不同空间位置采集或回放的相互独立的音频信号。Premiere中包括4种类型的声道：单声道、立体声、5.1声道和多声道。下面对其中比较常用的3种声道进行介绍。

1. 单声道

单声道只包含一个音轨，人在接收单声道信息时，只能感受到声音的前后位置及音色、音量的大小，而不能感受到声音从左到右等横向的移动。

2. 立体声

立体声是指具有立体感的声音，它可以在一定程度上恢复原声的空间感，使听者直接听到具有方位层次等空间分布特性的声音。与单声道相比，立体声更贴近真实的声音，提高了信息的可懂性，增强了作品的力量感、临场感和层次感。

3. 5.1声道

5.1声道包括中央声道，前置左、右声道，后置左、右环绕声道以及一个独立的重低音声道。与一般的立体声相比，5.1声道不仅让人感受到音源的方向，且伴有一种被声音所围绕所包围以及声源向四周远离扩散的感觉，增强了声音的纵深感、临场感和空间感。

7.2 音频控制面板

音频控制面板可以辅助用户调整音频效果。常用的音频控制面板包括"音轨混合器"面板、"音频剪辑混合器"面板等。下面对其进行介绍。

7.2.1 音轨混合器

"音轨混合器"面板中的每条轨道均对应于活动序列时间轴中的某个轨道，并会在音频控制台布局中显示时间轴音频轨道。执行"窗口"|"音轨混合器"命令即可打开"音轨混合器"面板，如图7-1所示。

学习笔记

图 7-1

该面板中部分常用选项的作用如下。

- **轨道名称** A1 音频1：用于显示当前编辑项目中所有音频轨道的名称。用户可以通过"音轨混合器"面板对音频轨道名称进行编辑修改。
- **平移/平衡控件**◎：用于控制每个音轨的音频发声时在右侧(R)和左侧(L)之间的平衡方式。
- **音量**◎：用于控制单声道音量大小。
- **自动模式** 读取 ：用于读取音频调节效果或实时记录音频调节，包括"关""读取""闭锁""触动""写入"5个选项。其中"关"模式将忽略回放期间的轨道设置和现有关键帧；"读取"模式将使用轨道关键帧来控制回放；"写入"模式将记录回放期间的调整和创建的关键帧；"触动"模式类似"写入"模式，除非调整某个属性，否则不会进行自动处理，停止调整某属性时，将恢复到以前的状态；"闭锁"模式类似"触动"模式，除非调整某个属性，否则不会开始自动处理，用户可使用上一次调整中用过的属性设置。停止回放后重新开始，将会返回至原始位置。
- **静音轨道**◎：用于控制当前轨道是否静音。
- **独奏轨道**◎：用于控制其他轨道是否静音。
- **启用轨道以进行录制**◎：可利用输入设备将声音录制到目标轨道上。

> **知识拓展**
>
> 单击"音轨混合器"面板左上角的"显示/隐藏效果和发送"▶按钮，将展开音频效果选项，用户可以将音频效果应用和组合到整个轨道。

7.2.2 音频剪辑混合器

"音频剪辑混合器"面板可以对音频的音量与声像进行调整。执行"窗口"|"音频剪辑混合器"命令,即可打开"音频剪辑混合器"面板,如图7-2所示。

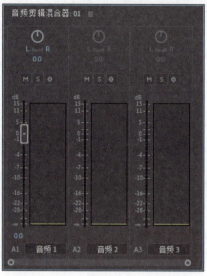

图 7-2

操作技巧

"音轨混合器"面板和"音频剪辑混合器"面板都可用于编辑音轨,不同之处在于,"音轨混合器"面板主要用于控制轨道,而"音频剪辑混合器"面板主要用于控制每个轨道中的单个音频剪辑。

"音频剪辑混合器"面板中的轨道具有可扩展性,轨道的高度和宽度及其计量表取决于"时间轴"面板中的轨道数以及面板的高度和宽度。

7.2.3 音频关键帧

为影片添加音频素材时,可以通过添加音频关键帧,设置音频在不同时间下的状态,使音频更加贴合影片内容。

双击"时间轴"面板中音频轨道的空白处,展开音频轨道,如图7-3所示。

图 7-3

单击音频轨道中的"添加-移除关键帧"按钮，即可添加或删除音频关键帧。图7-4所示为添加并调整音频关键帧后的效果。

图 7-4

添加音频关键帧后，用户同时可在"效果控件"面板中看到添加的关键帧，如图7-5所示。在"效果控件"面板中添加或移除关键帧，也会同步在"时间轴"面板中显示。

> 💡 **操作技巧**
>
> 按住Ctrl键拖曳关键帧，可调整变化的速率。

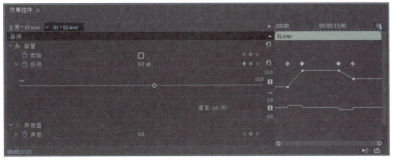

图 7-5

课堂练习　添加背景音乐

背景音乐可以烘托环境氛围，使影片效果更加完美。下面以背景音乐的添加为例，对音频关键帧的应用进行介绍。

步骤 01 打开Premiere软件，新建项目和序列。按Ctrl+I组合键导入素材文件"对话.jpg""背景音.wav""问句.wav"和"不.wav"，如图7-6所示。

图 7-6

步骤 02 将"项目"面板中的"对话.jpg"素材拖曳至"时间轴"面板的V1轨道中,调整其持续时间为10 s,如图7-7所示。

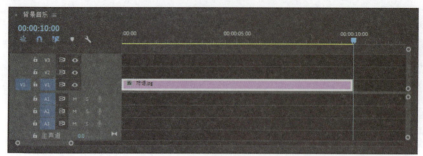

图 7-7

步骤 03 将"问句.wav"素材拖曳至"时间轴"面板的A1轨道中,如图7-8所示。

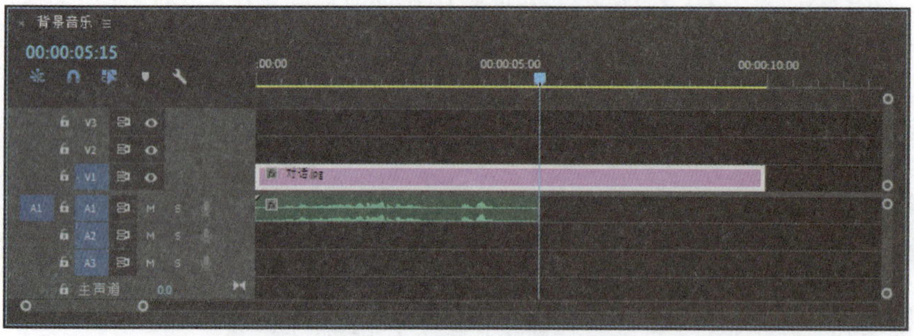

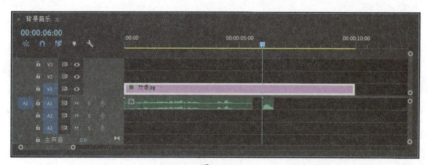

图 7-8

步骤 04 移动播放指示器至00:00:06:00处,选择"不.wav"素材,将其拖曳至A1轨道的播放指示器右侧,如图7-9所示。

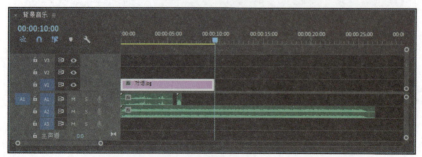

图 7-9

步骤 05 选择"背景音.wav"素材,将其拖曳至A2轨道中,如图7-10所示。

图 7-10

步骤 06 移动播放指示器至00:00:10:00处，使用"剃刀工具"在播放指示器处裁切A2轨道中的素材，并删除右半段，如图7-11所示。

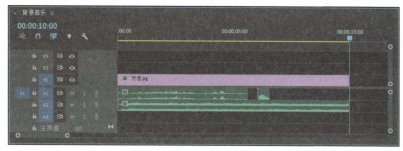

图 7-11

步骤 07 双击A2轨道的空白处，展开A2轨道，如图7-12所示。

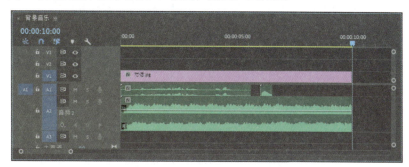

图 7-12

步骤 08 选中A2轨道中的素材，根据A1轨道中的素材在A2轨道的素材上添加关键帧，如图7-13所示。

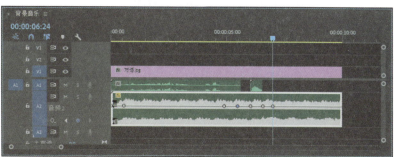

图 7-13

步骤 09 使用"选择工具"调整关键帧，如图7-14所示。

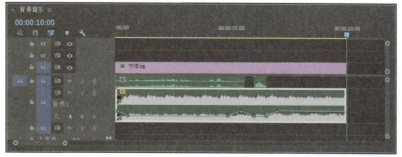

图 7-14

步骤 10 在"效果控件"面板中选中关键帧,右击鼠标,在弹出的快捷菜单中执行"缓入"和"缓出"命令,如图7-15所示。

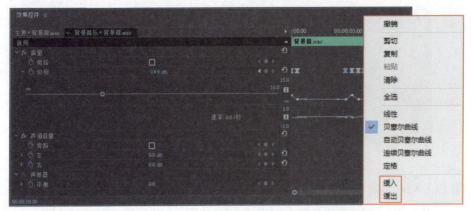

图 7-15

至此,背景音乐添加完成。

7.3 剪辑音频

音频的播放速度和音量影响音频效果,用户可以在Premiere软件中对其进行设置。下面对其进行介绍。

7.3.1 调整音频播放速度

选中音频素材,右击鼠标,在弹出的快捷菜单中执行"速度/持续时间"命令,即可打开"剪辑速度/持续时间"对话框进行设置,如图7-16所示。其中,选中"保持音频音调"复选框,可以防止在调整音频播放速度时音频变调。

操作技巧

用户可以在"项目"面板、"源监视器"面板及"时间轴"面板中调整音频素材的播放速度。但是,在"项目"面板中调整音频的播放速度后,"时间轴"面板中的素材不受影响,需要重新将素材导入到"时间轴"面板中进行应用。

图 7-16

7.3.2 调整音频增益

音频输入信号电平的强弱就是音频增益,用户可以通过调整音频增益来控制音频音量。

执行"窗口"|"音频仪表"命令，打开"音频仪表"面板，如图7-17所示。在该面板中可以观察音量变化。播放音频素材时，将以"音频仪表"面板中的两个柱状来显示当前音频的增益强弱，若音频音量超出了安全范围，柱状顶端将显示红色，如图7-18所示。

图 7-17

图 7-18

执行"剪辑"|"音频选项"|"音频增益"命令，打开"音频增益"对话框，在该对话框中可以对音频增益进行调整，如图7-19所示。

图 7-19

> **操作技巧**
>
> 音频过渡效果的添加与视频过渡效果的添加类似，在"效果"面板中选中音频过渡效果，将其拖曳至音频素材的入点或出点处即可。

7.3.3 音频过渡效果

音频过渡效果可以使音频之间的过渡平缓自然，也可用于制作音频淡入淡出的效果。Premiere软件中包括3种音频过渡效果：恒定功率、恒定增益和指数淡化。这3种音频过渡效果的作用如下。

- **恒定功率**："恒定功率"音频过渡效果可以创建类似于视频剪辑之间的溶解过渡效果的平滑渐变的过渡。应用该音频过渡效果首先会缓慢降低第一个剪辑的音频，然后快速接近过渡的末端。
- **恒定增益**："恒定增益"音频过渡效果在剪辑之间过渡时，将以恒定速率更改音频进出，但听起来会比较生硬。
- **指数淡化**："指数淡化"音频过渡效果淡出位于平滑的对数曲线上方的第一个剪辑，同时自下而上淡入同样位于平滑对数曲线上方的第二个剪辑。通过从"对齐"控件菜单中选择一个选项，可以指定过渡的定位。

课堂练习 制作音频淡入淡出效果

添加音频时，设置音频淡入淡出效果可以使音频的出现和结束更加自然而不突兀。下面以音频淡入淡出效果的制作为例，对音频过渡效果进行介绍。

步骤 01 打开Premiere软件，新建项目和序列。按Ctrl+I组合键导入素材文件"婚礼.jpg"和"婚礼歌曲.wav"，如图7-20所示。

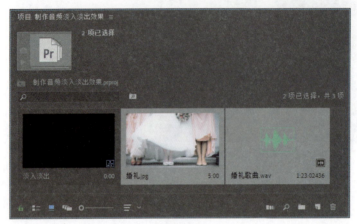

图 7-20

步骤 02 将"项目"面板中的"婚礼.jpg"素材拖曳至"时间轴"面板的V1轨道中，将"婚礼歌曲.wav"素材拖曳至A1轨道中，调整V1轨道的素材持续时间使之与A1轨道的素材一致，如图7-21所示。

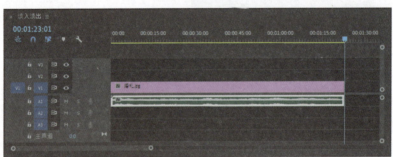

图 7-21

步骤 03 在"效果"面板中搜索"恒定功率"音频过渡效果，将其拖曳至A1轨道中的素材入点处，如图7-22所示。

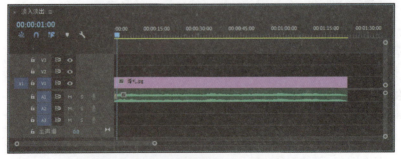

图 7-22

步骤 04 选中添加的"恒定功率"音频过渡效果，在"效果控件"面板中设置其持续时间为4 s，如图7-23所示。

图 7-23

步骤 05 使用相同的方法，在A1轨道中的素材出点处添加"恒定功率"音频过渡效果，并设置其持续时间为4 s，如图7-24所示。

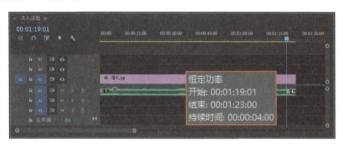

图 7-24

至此，音频淡入淡出效果制作完成。

7.4 音频效果

音频剪辑是影视后期制作中非常重要的一个环节。用户可以通过音频效果处理音频素材，使其满足使用需要。本节对其进行介绍。

7.4.1 音频效果概述

Premiere软件中自带多种音频效果，如图7-25所示。用户可以通过这些音频效果丰富音频素材，制作特殊的声音效果。下面对其中部分常用音频效果进行介绍。

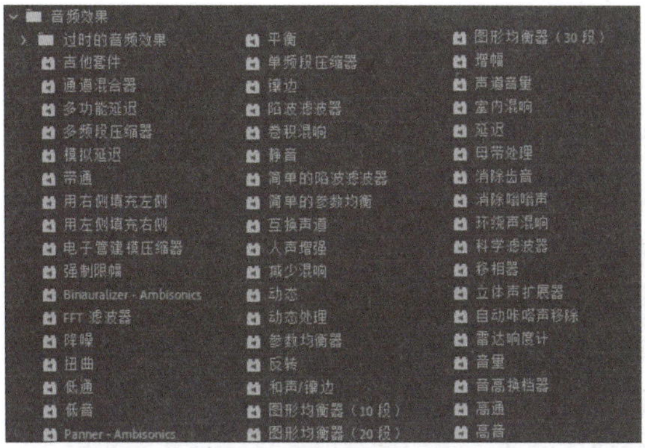

图 7-25

- **过时的音频效果**：该效果组中包括15种音频效果，如图7-26所示。应用该组效果时，将弹出"音频效果替换"对话框，如图7-27所示。在该对话框中单击"否"按钮将应用过时的效果；单击"是"按钮将应用新版本的效果。

图 7-26

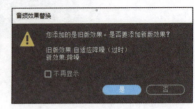
图 7-27

- **吉他套件**：该效果可以通过一系列优化，改变吉他音轨声音的处理器模拟吉他弹奏的效果，使音频更有表现力。
- **通道混合器**：该效果可以改变立体声或环绕声道的平衡，常用于更改声音的外观位置、校正不匹配的音平或解决相位问题。
- **多功能延迟**：该效果用于制作延迟音效的回声效果，适用于5.1声道、立体声或单声道剪辑。
- **多频段压缩器**：该效果可将不同频段的音频进行压缩，每个频段包含唯一的动态内容，常用于音频母带处理。
- **模拟延迟**：该效果可模拟老式延迟装置的温暖声音特性，制作缓慢的回声效果。
- **带通**：该效果可移除在指定范围外发生的频率或频段，适用于5.1声道、立体声或单声道剪辑。
- **用右侧填充左侧**：该效果可以复制音频剪辑的左声道信息至右声道中，同时清除现有的右声道信息。
- **用左侧填充右侧**：该效果可以复制音频剪辑的右声道信息至左声道中，同时清除现有的左声道信息。
- **电子管建模压缩器**：该效果可使音频微妙扭曲，模拟复古硬件压缩器的温暖感觉。
- **强制限幅**：该效果可以减弱高于指定阈值的音频。
- **FFT滤波器**：该效果可以轻松地绘制用于抑制或增强特定频率的曲线或陷波。
- **降噪**：该效果可以降低或完全去除音频文件中的噪声。
- **扭曲**：该效果可将少量砾石和饱和效果应用于任何音频。
- **低通**：该效果用于删除高于指定频率界限的频率,使音频产生浑厚的低音音场效果,适用于5.1声道、立体声或单声道剪辑。
- **低音**：该效果可增大或减小低频。
- **平衡**：该效果可以平衡左右声道的相对音量。
- **单频段压缩器**：该效果可以通过减少动态范围，产生一致的音量并提升感知响度。
- **镶边**：该效果是通过混合与原始信号大致等比例的可变短时间延迟产生的。
- **陷波滤波器**：该效果可去除音频频段，且保持周围频率不变。
- **卷积混响**：该效果可以基于卷积的混响使用脉冲文件模拟声学空间，使之如同在现场环境中录制一般真实。
- **静音**：该效果可以消除声音。
- **简单的陷波滤波器**：该效果可以阻碍频率信号。
- **简单的参数均衡**：该效果可以在一定范围内均衡音调。
- **互换声道**：该效果仅应用于立体声剪辑，应用时可以交换左右声道信息的位置。
- **人声增强**：该效果可以增强人声，改善旁白录音质量。
- **减少混响**：该效果可以消除混响曲线且可辅助调整混响量。
- **动态**：该效果可以控制一定范围内的音频信号增强或减弱。
- **动态处理**：该效果可以增加或减少动态范围来处理音频。
- **参数均衡器**：该效果可以最大程度地均衡音调。
- **反转**：该效果可以反转所有声道的相位。
- **和声/镶边**：该效果可以模拟多个音频的混合效果，增强人声音轨或为单声道音频添加立体声空间感。
- **图形均衡器（10段）**：该效果可增强或消减特定频段。
- **图形均衡器（20段）**：该效果可精准地增强或消减特定频段。
- **图形均衡器（30段）**：该效果可更加精准地增强或消减特定频段。
- **增幅**：该效果可以实时地增强或减弱音频信号。
- **声道音量**：该效果可独立控制立体声或5.1声道或轨道中的每条声道的音量。
- **室内混响**：该效果可以模拟室内空间演奏音频的效果。
- **延迟**：该效果可用于制作指定时间后播放的回声效果。
- **母带处理**：该效果可以优化特定介质音频文件的完整过程。
- **消除齿音**：该效果可去除齿音和其他高频"嘶嘶"类型的声音。
- **消除嗡嗡声**：该效果可去除窄频段及其谐波。
- **环绕声混响**：该效果可模拟声音在室内声学空间中的效果和氛围，主要用于5.1声道音源，也可为单声道或立体声音源提供环绕声环境。
- **科学滤波器**：该效果可以控制左右声道立体声的音量比，对音频进行高级操作。
- **移相器**：该效果可以通过移动音频信号的相位改变声音。

- **立体声扩展器**：该效果可调整立体声声效，控制其动态范围。
- **自动咔嗒声移除**：该效果可以去除音频中的"咔嗒"声音或静电噪声。
- **雷达响度计**：该效果可以测量音频级别。
- **音量**：该效果可使用音量效果代替固定音量效果。
- **音高换档器**：该效果可以实时地改变音调。
- **高通**：该效果可以删除低于指定频率界限的频率。
- **高音**：该效果可增高或降低4000 Hz及以上的高频。

7.4.2 回声效果

通过创建回声可以制作出更加饱满有层次的声音。在Premiere软件中，用户可以使用"多功能延迟""模拟延迟"和"延迟"效果创建回声效果。

以"延迟"音频效果的添加为例，在"效果"面板中选中"延迟"效果，将其拖曳至"时间轴"面板的音频素材上，在"效果控件"面板中可以对添加的"延迟"效果进行设置，如图7-28所示。

图 7-28

其中部分参数的作用如下。
- **延迟**：用于设置延迟的长度。
- **反馈**：用于通过延迟线重新发送延迟的音频，来创建重复回声。其数值越高，回声强度增长越快。
- **混合**：用于设置回声的相对强度。

课堂练习　制作回声效果

回声可以使声音更加丰富，在处理音频时，用户可以通过制作回声效果使声音更有层次。下面以回声的制作为例，对"延迟"音频效果进行介绍。

步骤 01 打开Premiere软件，新建项目和序列。按Ctrl+I组合键导入素材文件"你好.wav"，如图7-29所示。

步骤 02 将"项目"面板中的"你好.wav"素材拖曳至"时间轴"面板的A1轨道中，如图7-30所示。

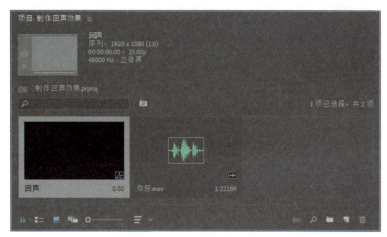

图 7-29

图 7-30

步骤 03 在"效果"面板中搜索"延迟"音频效果,将其拖曳至A1轨道的素材上,在"效果控件"面板中设置参数,如图7-31所示。

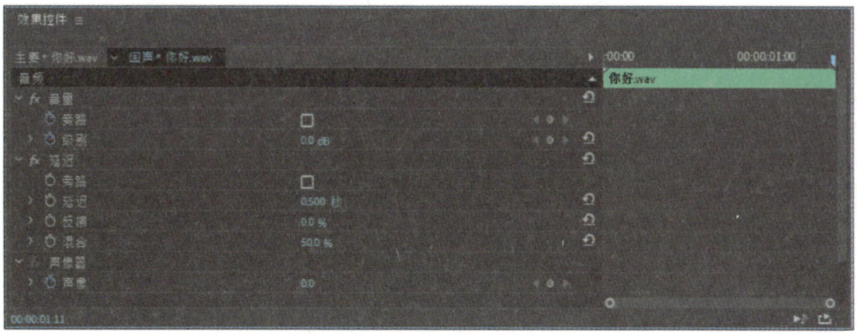

图 7-31

至此,回声效果制作完成。

7.4.3 清除噪声

采集声音素材时,受环境影响,常常会携带部分噪声。用户可以根据不同种类的噪声,选择音频效果将其消除。常用于消除噪声的音频效果有"降噪""减少混响""消除齿音""消除嗡嗡声""自动咔嗒声移除"等,用户根据需要选择即可。

强化训练

1. 项目名称

清除噪声。

2. 项目分析

背景中的噪声是非常让人头痛的事情，在处理带有噪声的音频素材时，首先需要进行降噪处理。现需消除已有音频中的噪声。通过"降噪"音频效果清除噪声；通过音频过渡效果制作淡入淡出效果。

3. 项目效果

降噪后"时间轴"面板中的素材如图7-32所示。

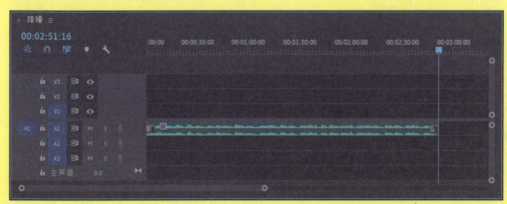

图 7-32

4. 操作提示

①打开Premiere软件，新建项目和序列，导入素材文件。
②为素材文件添加"降噪"效果，在"效果控件"面板中调整参数。
③添加音频过渡效果。

第 8 章

项目输出

内容导读

输出是使用Premiere软件处理素材的最后一步,通过该操作可以将文件输出为可以独立播放的视频文件或其他格式的文件。本章将针对项目的输出进行介绍。通过本章的学习,读者可了解Premiere软件常用的输出格式以及输出方法。

要点难点

- 了解可输出格式。
- 学会渲染预览效果。
- 学会设置输出参数的方法。

8.1 可输出格式

根据后续需要，用户可以将文件输出为多种不同的格式。图8-1所示为Premiere软件可输出的格式。本节将对其中部分常用的格式进行介绍。

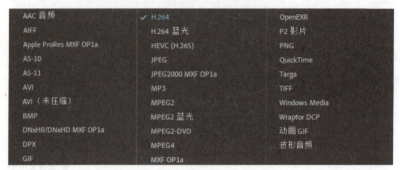

图 8-1

8.1.1 可输出的视频格式

Premiere软件支持输出多种视频格式，如AVI格式、QuickTime格式、MPEG4格式和H.264格式等。下面对部分常用的视频格式进行介绍。

1. AVI 格式

AVI格式可以同步播放音频和视频，又被称为音频视频交错格式。该格式采用了有损压缩的方式，但画质好、兼容性高，应用非常广泛。

2. QuickTime 格式

QuickTime格式是由苹果公司开发的一种音频视频文件格式，可用于存储常用的数字媒体类型，保存文件扩展名为".mov"。该格式的画面效果优于AVI格式的画面效果。

3. MPEG4 格式

MPEG4格式是网络视频图像压缩标准之一。该格式压缩比高，对传输速率要求低，广泛应用于影音数位视讯产业。

4. H.264 格式

H.264格式具有很高的数据压缩比率，容错能力强，同时图像质量也很高，在网络传输中更方便经济。在Premiere软件中，若想输出.mp4格式的文件，可以选择该格式导出。

课堂练习 输出MP4格式的视频片段

MP4格式是应用非常广泛的格式。下面以MP4格式视频片段的导出为例,对导出设置进行介绍。

步骤01 打开Premiere软件,新建项目和序列。按Ctrl+I组合键导入素材文件"手.png"和"影片.mp4",如图8-2所示。

图 8-2

步骤02 将"项目"面板中的"影片.mp4"素材拖曳至"时间轴"面板的V1轨道中,右击鼠标,在弹出的快捷菜单中执行"取消链接"命令,取消音视频链接,并删除音频素材,如图8-3所示。

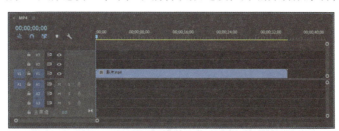

图 8-3

步骤03 在"效果"面板中搜索"高斯模糊"视频效果,将其拖曳至V1轨道的素材上,在"效果控件"面板中设置"模糊度"参数为100.0,并选中"重复边缘像素"复选框,在"节目监视器"面板中预览效果,如图8-4所示。

图 8-4

步骤 04 选中V1轨道上的素材,按住Alt键将其拖曳复制至V2轨道中,在"效果控件"面板中删除"高斯模糊"视频效果,设置"缩放"参数为80.0%,在"节目监视器"面板中预览效果,如图8-5所示。

图 8-5

步骤 05 将"手.png"素材拖曳至"时间轴"面板的V3轨道中,设置其持续时间与V2轨道中的素材一致,如图8-6所示。

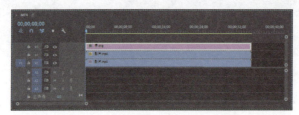

图 8-6

步骤 06 选中"时间轴"面板中的"手.png"素材,在"效果"面板中设置"位置"和"缩放"参数,如图8-7所示。

图 8-7

步骤 07 在"效果"面板中搜索"超级键"视频效果,将其拖曳至V3轨道的素材上,在"效果控件"面板中设置"主要颜色"参数,如图8-8所示。

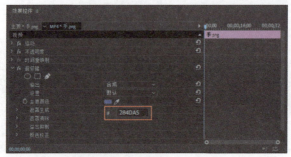

图 8-8

步骤08 此时"节目监视器"面板中的效果如图8-9所示。

图 8-9

步骤09 在"效果"面板中搜索"裁剪"视频效果,将其拖曳至V2轨道的素材上,在"效果控件"面板中设置参数,如图8-10所示。裁剪掉超出手机屏幕的部分。

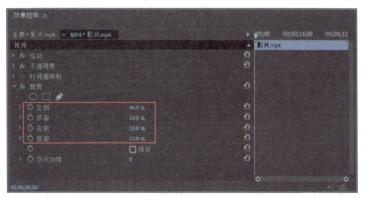

图 8-10

步骤10 此时"节目监视器"面板中的效果如图8-11所示。

图 8-11

步骤11 执行"文件"|"导出"|"媒体"命令,打开"导出设置"对话框,在"导出设置"选项卡中设置格式为H.264,单击"输出名称"后的蓝色文字,打开"另存为"对话框,设置输出文件的名称和位置,如图8-12所示。

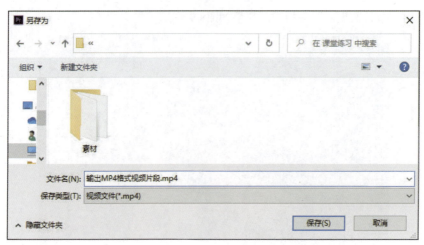

图 8-12

步骤 12 完成后单击"保存"按钮,确认设置并切换至"导出设置"对话框。在"导出设置"对话框中单击"导出"按钮,开始导出文件,如图8-13所示。

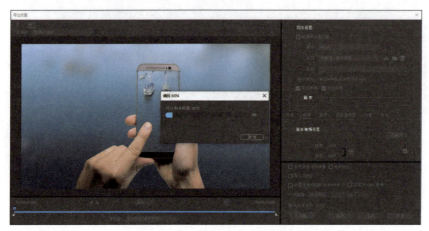

图 8-13

步骤 13 待导出完成后,即可在设置的文件夹中找到导出的视频,如图8-14所示。

图 8-14

至此,MP4格式的视频片段的输出完成。

8.1.2 可输出的音频格式

Premiere软件同样支持输出多种音频格式，如MP3格式、波形音频格式、Windows Media格式等。下面对部分常用的音频格式进行介绍。

1. MP3 格式

MP3是一种音频编码方式，它可以大幅度地降低音频数据量，减少占用空间，在音质上也没有明显下降，适用于移动设备的存储和使用。

2. 波形音频格式

波形音频格式是最早的音频格式，保存文件扩展名为".wav"。该格式支持多种压缩算法，且音质好，但占用的存储空间也相对较大，不便于交流和传播。

3. Windows Media 格式

Windows Media格式即WMA格式，该格式通过减少数据流量但保持音质的方法提高压缩率，在压缩比和音质方面都比MP3格式好。

4. AAC 音频格式

AAC音频格式的中文名称为"高级音频编码"，该格式采用了全新的算法进行编码，更加高效，压缩比相对来说也较高，但AAC格式为有损压缩，音质相对有所不足。

8.1.3 可输出的图像格式

除了音视频外，Premiere软件还支持输出多种图像格式，如BMP格式、JPEG格式、PNG格式、Targa格式等。下面对部分常用的图像格式进行介绍。

1. BMP 格式

BMP格式是Windows操作系统中的标准图像文件格式，该格式几乎不压缩图像，包含的图像信息丰富，但占据内存较大。

2. JPEG 格式

JPEG格式是最常用的图像文件格式，该格式属于有损压缩。在压缩处理图像时，该图像格式可以在高质量图像和低质量图像之间进行选择。

3. PNG 格式

PNG格式即便携式网络图形，该格式属于无损压缩，体积小，压缩比高，支持透明效果、真彩和灰度级图像的Alpha通道透明度，一般应用于网页、Java程序中。

4. Targa 格式

Targa格式兼具体积小和效果清晰的特点，是计算机上应用最广泛的图像格式，保存文件扩展名为".tga"。该格式可以做出不规则形状的图形、图像文件，是计算机生成图像向电视转换的一种首选格式。

8.2 输出准备

影片制作完成后，可以将其输出为其他格式，以便后续应用或与其他软件相衔接。在输出之前，用户可以做一些准备工作，方便输出。下面对此进行介绍。

8.2.1 设置"时间轴"面板显示比例

在"时间轴"面板中，用户可以通过缩放滚动条调整时间标尺及轨道的比例，如图8-15所示。按住缩放滚动条的一端拖动，即可进行缩放。

> **操作技巧**
>
> 渲染预览时，用户可以通过设置"首选项"参数使序列在其宽度超过"时间轴"面板中的可见区域时自动进行滚动。执行"编辑"|"首选项"|"时间轴"命令，打开"首选项"对话框，在该对话框的"时间轴"选项卡中设置"时间轴播放自动滚屏"选项即可。

图 8-15

8.2.2 渲染预览

部分效果添加后会导致播放预览时较为卡顿，此时时间标尺中会出现红色渲染条。为了缓解这一状况，用户可以将剪辑好的内容进行渲染，生成暂时的预览视频。选中需要进行渲染的时间段，执行"序列"|"渲染入点到出点的效果"命令或按Enter键即可对素材进行预处理。渲染后红色渲染条变为绿色，如图8-16所示。

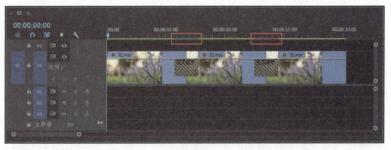

图 8-16

课堂练习　输出GIF动图

制作影片的过程中，用户可以及时地在"节目监视器"面板中预览效果，查漏补缺。下面以GIF动图的输出为例，对Premiere软件输出前的准备工作进行介绍。

步骤01 打开Premiere软件，新建项目和序列。按Ctrl+I组合键导入素材文件"指纹.png""指纹已读取.png""狗.mp4""框.png""扫描线.png"，如图8-17所示。

图 8-17

步骤02 将"项目"面板中的"狗.mp4"素材拖曳至"时间轴"面板的V1轨道中，在弹出的"剪辑不匹配警告"对话框中单击"保持现有设置"按钮，保持现有序列设置不变。在00:00:10:00处裁切素材，并删除右半段。选中V1轨道中的素材文件，右击鼠标，在弹出的快捷菜单中执行"取消链接"命令，取消音视频链接，并删除音频素材，如图8-18所示。

图 8-18

步骤03 此时"节目监视器"面板中的效果如图8-19所示。选中V1轨道中的素材，右击鼠标，在弹出的快捷菜单中执行"缩放为帧大小"命令，调整素材大小，在"节目监视器"面板中预览效果，如图8-20所示。

图 8-19

图 8-20

步骤 04 将"项目"面板中的"框.png"素材拖曳至"时间轴"面板的V2轨道中,设置其持续时间与V1轨道中的素材一致,如图8-21所示。

图 8-21

步骤 05 使用相同的方法,将"指纹.png"素材拖曳至V3轨道中,将"扫描线.png"素材拖曳至V4轨道中,将"指纹已读取.png"素材拖曳至V5轨道中,并设置素材的持续时间为1 s,如图8-22所示。

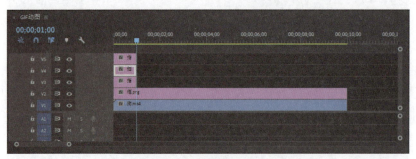

图 8-22

步骤 06 移动播放指示器至00:00:00:00处,此时"节目监视器"面板中的效果如图8-23所示。

图 8-23

步骤 07 选中V4轨道中的素材,在"效果控件"面板中单击"位置"参数左侧的"切换动画"按钮,添加关键帧,并设置参数,如图8-24所示。

图 8-24

步骤 08 移动播放指示器至00:00:01:00处,更改"位置"参数,软件将自动添加关键帧,如图8-25所示。

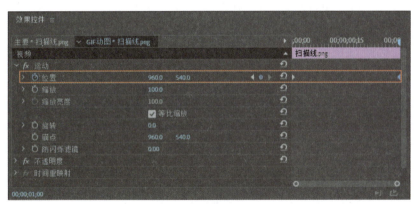

图 8-25

步骤 09 移动播放指示器至00:00:00:00处。在"效果"面板中搜索"裁剪"视频效果,将其拖曳至V5轨道的素材上,在"效果控件"面板中单击"底部"参数左侧的"切换动画"按钮,添加关键帧,并设置数值为32.0%,如图8-26所示。

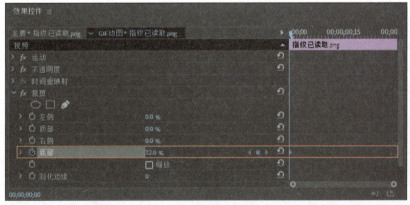

图 8-26

步骤10 移动播放指示器至00:00:01:00处，更改"底部"参数为11.0%，软件将自动添加关键帧，如图8-27所示。

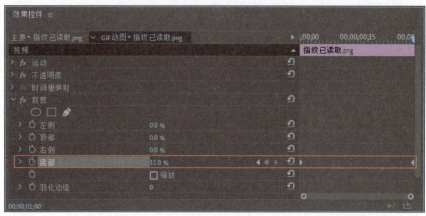

图 8-27

步骤11 选中V3、V4、V5轨道中的素材文件，按住Alt键向右拖曳复制，重复多次，如图8-28所示。

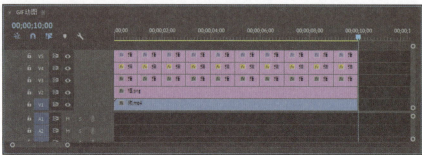

图 8-28

步骤12 执行"文件"｜"新建"｜"旧版标题"命令，打开"新建字幕"对话框，保持默认设置后单击"确定"按钮。打开"旧版标题设计器"面板，选择"文字工具"，在"字幕"面板中输入文字并进行设置，如图8-29所示。

图 8-29

步骤13 关闭"旧版标题设计器"面板。在"项目"面板中选中新建的字幕素材,将其拖曳至"时间轴"面板的V6轨道中,调整其持续时间与V1轨道中的素材一致,如图8-30所示。

图 8-30

步骤14 按Enter键渲染预览素材,如图8-31所示。

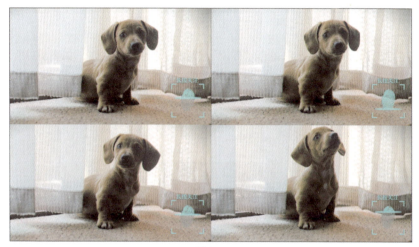

图 8-31

步骤15 执行"文件"|"导出"|"媒体"命令,打开"导出设置"对话框,在"导出设置"选项卡中设置格式为"动画GIF",单击"输出名称"后的蓝色文字,打开"另存为"对话框,设置输出文件的名称和位置,如图8-32所示。

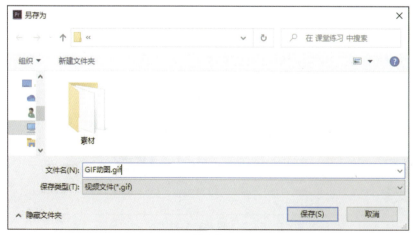

图 8-32

步骤 16 完成后单击"保存"按钮，确认设置并切换至"导出设置"对话框。在"视频"选项卡中调整质量参数，选中"使用最高渲染质量"复选框，如图8-33所示。

图 8-33

步骤 17 在"导出设置"对话框中单击"导出"按钮，开始导出文件，如图8-34所示。

图 8-34

步骤 18 导出完成后，即可在设置的文件夹中找到导出的GIF动图，如图8-35所示。

图 8-35

至此，GIF动图输出完成。

8.3 输出设置

准备工作完成后，执行"文件"|"导出"|"媒体"命令或按Ctrl+M组合键，打开"导出设置"对话框并对参数进行设置，完成后单击"导出"按钮，即可输出影片。图8-36所示为打开的"导出设置"对话框。下面对该对话框中的部分选项进行介绍。

图 8-36

> **知识拓展**
>
> "导出设置"对话框左侧包括"源"和"输出"2个选项卡，其中"源"选项卡显示未应用任何导出设置的源视频；"输出"选项卡显示应用于源视频的当前导出设置的预览。用户可以通过切换2个选项卡，预览导出设置对源媒体的影响。

8.3.1 导出设置选项

在"导出设置"对话框的"导出设置"选项卡中，可以设置输出影片的格式、路径、名称等。图8-37所示为"导出设置"选项卡。

图 8-37

该选项卡中部分选项的作用如下。

- **与序列设置匹配**：选中该复选框后，将根据序列设置输出文件。
- **格式**：用于选择文件导出的格式。
- **预设**：用于选择预设的编码配置输出文件，选择不同的格式后，预设选项也会有所不同。
- **注释**：用于添加文件输出时的注解。
- **输出名称**：单击该选项中的蓝色文字，将打开"另存为"对话框，用户可以在该对话框中设置输出文件的名称和路径。

- **导出视频：** 选中该复选框，可以导出文件的视频部分。
- **导出音频：** 选中该复选框，可以导出文件的音频部分。
- **摘要：** 用于显示文件输出的一些信息。

8.3.2 视频设置选项

选择"视频"选项卡可以对输出的视频进行设置。图8-38所示为"导出设置"对话框中的"视频"选项卡。下面对其中部分常用选项进行介绍。

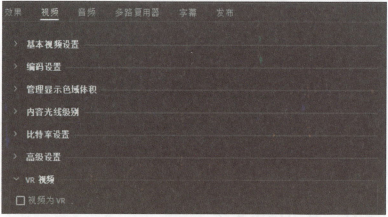

图 8-38

- **基本视频设置：** 用于设置输出视频的宽度、高度、帧速率等参数。图8-39所示为展开的"基本视频设置"选项。其中单击"匹配源"按钮，可自动导出设置与源设置匹配。

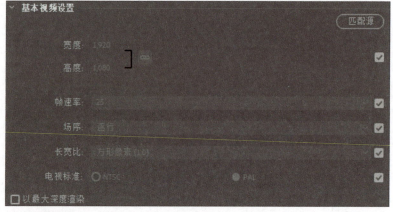

图 8-39

- **比特率设置：** 用于设置输出文件的比特率。比特率数值越大，输出文件越清晰，但超过一定数值后，清晰度就不会有明显提升。图8-40所示为展开的"比特率设置"选项。其中"比特率编码"用于设置压缩视频/音频信号的编码方法，包括CBR、"VBR，1次"和"VBR，2次"3个选项。CBR是恒定比特率，选择该选项可以为数据速率设置常数值；VBR是指可变比特率，选择"VBR，1次"选项会从头到尾分析整个媒体文件，以计算可变比特率；选择"VBR，2次"选项将从头到尾和从尾到头两次分析媒体文件，编码效率更高，生成输出的品质也会更高。

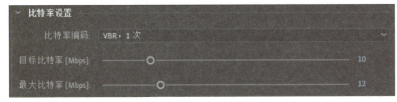

图 8-40

- **高级设置**：用于设置关键帧距离等参数。

8.3.3 音频设置选项

选择"音频"选项卡可以对输出的音频进行设置。图8-41所示为"导出设置"对话框中的"音频"选项卡。下面对其中部分常用选项进行介绍。

图 8-41

- **音频格式设置**：用于设置音频格式。
- **基本音频设置**：用于设置音频的采样率、声道、音频质量等基本参数。
- **比特率设置**：用于设置音频的输出比特率。比特率越高，品质越高，文件大小也会越大。

课堂练习　制作并输出故障视频

使用Premiere软件可以制作多种有趣的效果，用户可以将这些效果输出为视频，方便观看。下面以故障视频的制作输出为例，对输出设置进行介绍。

步骤01 打开Premiere软件，新建项目和序列。按Ctrl+I组合键导入素材文件"奔跑.mp4"，如图8-42所示。

图 8-42

步骤02 将"项目"面板中的"奔跑.mp4"素材拖曳至"时间轴"面板的V1轨道中，如图8-43所示。

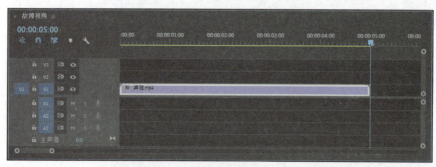

图 8-43

步骤03 选中V1轨道中的素材，按Alt键拖曳复制至V2轨道中，如图8-44所示。

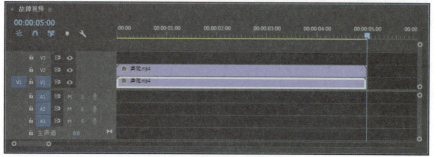

图 8-44

步骤 04 选中V2轨道中的素材,在"效果控件"面板中设置"不透明度"参数中的"混合模式"为"滤色",此时"节目监视器"面板的显示效果如图8-45所示。

图 8-45

步骤 05 选中V2轨道的中的素材,移动播放指示器至00:00:02:00处,使用"剃刀工具"裁剪素材,使用相同的方法,在00:00:03:00处裁剪素材,如图8-46所示。

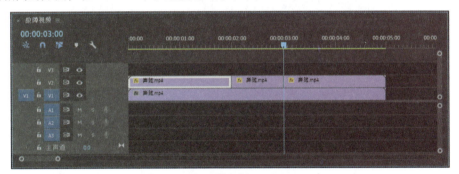

图 8-46

步骤 06 选中V2轨道中的第2段素材,按住Alt键向上拖曳复制,重复3次,如图8-47所示。

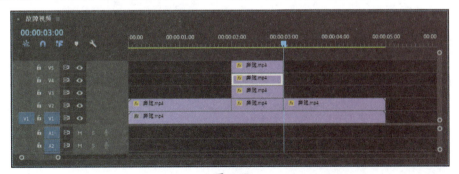

图 8-47

步骤 07 在"效果"面板中搜索"颜色平衡(RGB)"视频效果,将其拖曳至V2轨道中的第2段素材上,在"效果控件"面板中设置参数,如图8-48所示。

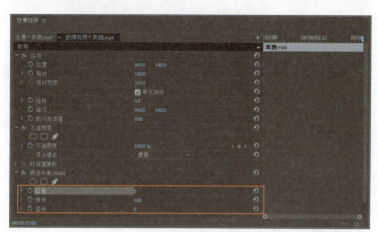

图 8-48

步骤 08 使用相同的方法，为V3轨道和V4轨道中的素材添加"颜色平衡（RGB）"视频效果，并调整参数，如图8-49、图8-50所示。

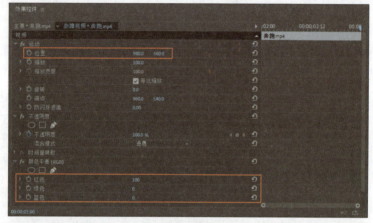

图 8-49

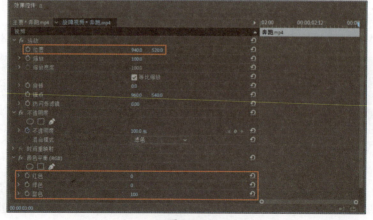

图 8-50

步骤 09 在"效果"面板中搜索"波形变形"视频效果，将其拖曳至V5轨道中的素材上。移动播放指示器至00:00:02:00处，在"效果控件"面板中设置参数，并单击"波形高度""波形宽度""波形速度"参数左侧的"切换动画"按钮◯，添加关键帧，如图8-51所示。

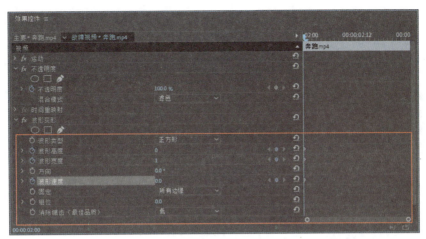

图 8-51

步骤⑩ 移动播放指示器至00:00:02:03处，调整"波形高度""波形宽度""波形速度"参数，软件将自动添加关键帧，如图8-52所示。

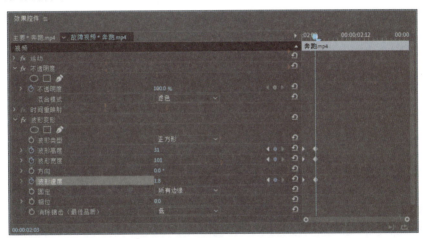

图 8-52

步骤⑪ 使用相同的方法，分别在00:00:02:07、00:00:02:11、00:00:02:14、00:00:02:18、00:00:02:22处调整参数，添加关键帧，如图8-53所示。

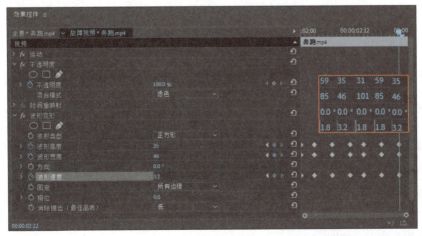

图 8-53

步骤⑫ 选中所有关键帧，右击鼠标，在弹出的快捷菜单中执行"缓入"和"缓出"命令，平缓动画效果，如图8-54所示。

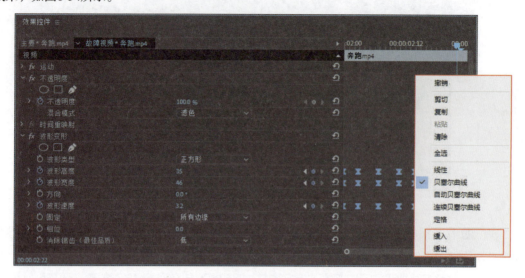

图 8-54

步骤⑬ 此时"时间轴"面板中出现红色渲染条，如图8-55所示。

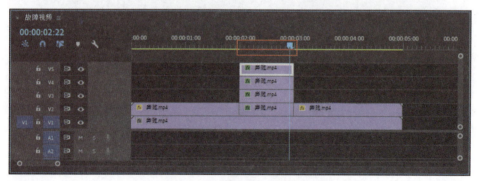

图 8-55

步骤⑭ 按Enter键渲染预览素材。渲染后红色渲染条变为绿色，如图8-56所示。

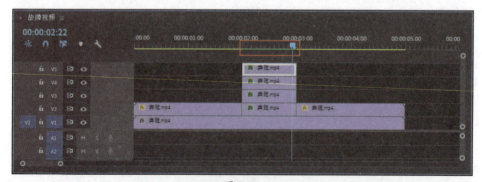

图 8-56

步骤⑮ 执行"文件"|"导出"|"媒体"命令，打开"导出设置"对话框，在"导出设置"选项卡中设置"格式"为"AVI"，单击"输出名称"后的蓝色文字，打开"另存为"对话框，设置输出文件的名称和位置，如图8-57所示。

图 8-57

步骤 16 完成后单击"保存"按钮,确认设置并切换至"导出设置"对话框。在"视频"选项卡中设置参数,如图8-58所示。

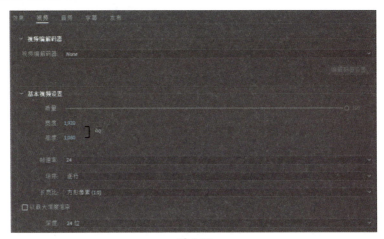

图 8-58

步骤 17 选中"使用最高渲染质量"复选框,单击"导出设置"对话框中的"导出"按钮,导出文件,如图8-59所示。

图 8-59

步骤18 导出完成后，即可在设置的文件夹中找到导出的视频，播放效果如图8-60所示。

图 8-60

至此，视频故障效果的制作与输出完成。

强化训练

1. 项目名称

输出QuickTime格式的影片。

2. 项目分析

QuickTime格式是一款优秀的视频编码格式。现需将已有的素材文件输出为QuickTime格式。通过渲染预览观看效果，避免错漏；通过"导出设置"对话框设置参数，导出相应格式的影片。

3. 项目效果

导出后播放效果如图8-61所示。

图 8-61

4. 操作提示

①打开素材文件，按Enter键渲染预览效果。

②执行"文件"|"导出"|"媒体"命令，在"导出设置"对话框中设置存储路径、视频参数等。

③单击"导出"按钮输出即可。

第 9 章

制作片头视频

内容导读

片头是影片的开始,是能否第一时间吸引观众注意的决定性要素。本章将学习制作影片的片头,通过本章的学习,读者可以了解 Premiere 软件的应用,学会系统地制作项目。

要点难点

- 学会剪辑素材。
- 学会添加文字。
- 掌握关键帧及蒙版的创建。
- 学会添加视频效果及视频过渡效果。
- 学会渲染输出项目。

9.1 设计解析

片头是影片给观众的第一印象，好的片头可以起到画龙点睛的作用。在制作影片片头之前，需要先了解影片的主题，再根据影片的主题与风格选择素材并进行编辑处理，从而使制作的片头契合影片的内容。

9.1.1 设计思想

海洋是地球上最广阔水体的总称，对人类来说，海洋是神秘的，是未知的。本案例将练习制作海洋纪录片的片头。结合纪录片内容，本案例制作的片头需要契合神秘、壮阔等关键词，通过蒙版制作片名逐渐显示的效果，结合书写特效，为片头添加一丝古朴韵味。

9.1.2 制作手法

本案例将练习制作纪录片片头，涉及的知识点包括文字的添加、关键帧及蒙版的应用、视频效果的应用、视频过渡效果的应用等。通过剪辑素材、添加文字信息搭建片头主体；应用关键帧及蒙版制作特殊效果；添加视频效果和视频过渡效果丰富画面内容。

9.2 制作过程

纪录片片头的制作可以分为素材的创建与整理、效果的添加以及渲染输出3个部分。下面分别进行介绍。

9.2.1 创建并整理素材

素材是片头制作中非常重要的元素。其创建与整理的过程如下。

步骤 01 打开Premiere软件，新建项目和序列。按Ctrl+I组合键导入素材文件"背景.mp4"，如图9-1所示。

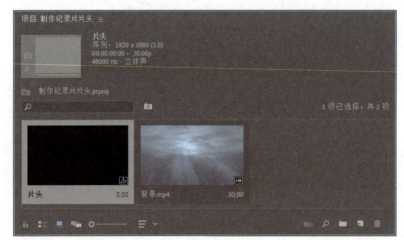

图 9-1

步骤 02 将"项目"面板中的"背景.mp4"素材拖曳至"时间轴"面板的V1轨道中,在弹出的"剪辑不匹配警告"对话框中单击"保持现有设置"按钮,不改变序列设置。图9-2所示为V1轨道中导入的素材文件。

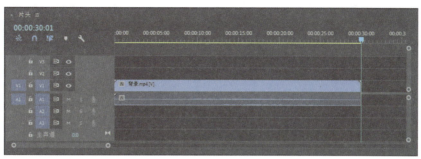

图 9-2

步骤 03 选中V1轨道中的素材,右击鼠标,在弹出的快捷菜单中执行"速度/持续时间"命令,打开"剪辑速度/持续时间"对话框,设置"持续时间"为15 s,并选中"保持音频音调"复选框,如图9-3所示。完成后单击"确定"按钮,在"时间轴"面板中观看素材,如图9-4所示。

图 9-3

图 9-4

步骤 04 执行"文件"|"新建"|"旧版标题"命令,打开"新建字幕"对话框,保持默认设置,单击"确定"按钮。打开"旧版标题设计器"面板,单击"样式"面板中的Arial Black soft drop shadow样式,选择"矩形工具"在"字幕"面板中拖曳绘制矩形,如图9-5所示。

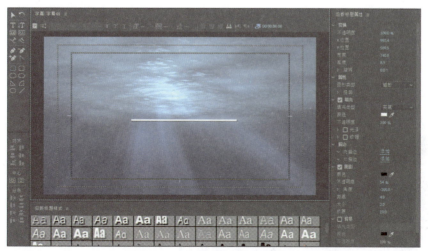

图 9-5

步骤 05 选中绘制的矩形,在"属性"面板中设置"宽度"为750.0,"高度"为10.0,设置"不透明度"为20%,单击"动作"面板"中心"选项卡中的按钮,设置矩形与画面中心对齐,如图9-6所示。

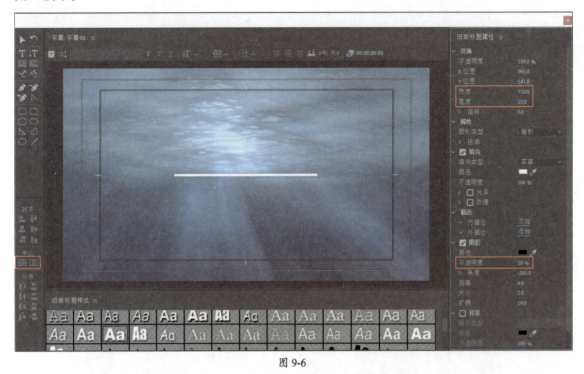

图 9-6

步骤 06 单击"字幕"面板中的"基于当前字幕新建字幕"按钮,打开"新建字幕"对话框,保持默认设置,单击"确定"按钮,新建字幕。此时上一步骤中绘制的矩形也将出现在"字幕"面板中,如图9-7所示。

图 9-7

步骤 07 选择"文字工具" ,在"字幕"面板中单击并输入文字,如图9-8所示。

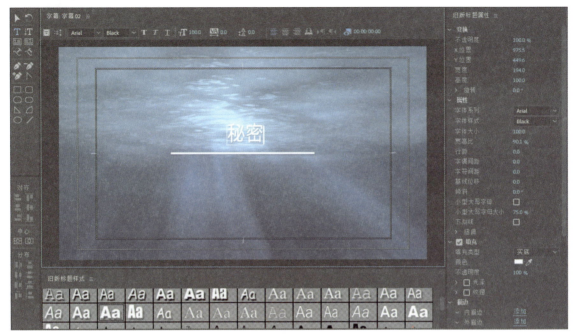

图 9-8

步骤 08 选中输入的文字,在"属性"面板中设置"字体系列"为"楷体","字体大小"为240.0,"宽高比"为100.0%,使用"选择工具"调整文字位置,如图9-9所示。

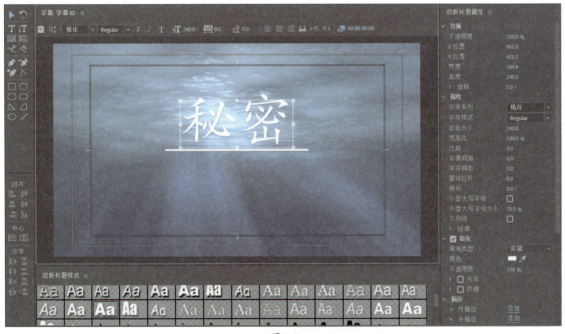

图 9-9

步骤 09 删除"字幕02"中的矩形，如图9-10所示。

图 9-10

步骤 10 使用相同的方法，基于当前字幕创建"字幕03"，添加文字，设置"字体大小"为120.0，"字偶间距"为50.0，并删除原文字，如图9-11所示。

图 9-11

步骤 11 继续基于当前字幕创建"字幕04"，删除原文字，添加文字，设置其"字体系列"为"黑体"，"字体大小"为50.0，"字偶间距"为5.0，"行距"为35.0，单击"动作"面板"中心"选项卡中的按钮，设置文字与画面中心对齐，如图9-12所示。

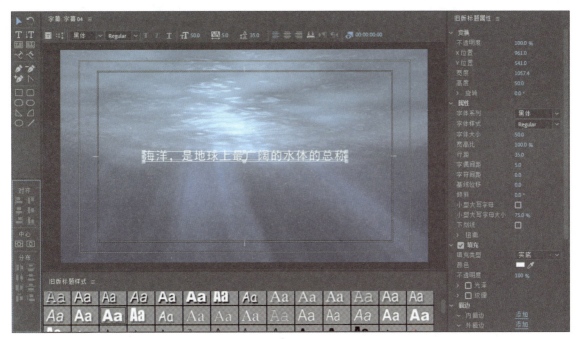

图 9-12

步骤 12 继续基于当前字幕创建"字幕 05",更改文字内容,单击"字幕"面板中的"居中对齐"按钮,设置文字居中对齐,单击"动作"面板"中心"选项卡中的按钮,设置文字与画面中心对齐,如图9-13所示。

图 9-13

步骤 13 关闭"旧版标题设计器"面板,移动"时间轴"面板中的播放指示器至00:00:02:00处,将"项目"面板中的"字幕 01"素材拖曳至"时间轴"面板中V2轨道播放指示器的右侧,并调整其持续时间为7 s,如图9-14所示。

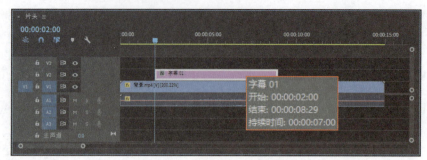

图 9-14

步骤 14 将"项目"面板中的"字幕 02"素材拖曳至"时间轴"面板的V3轨道中,移动其位置,使其出点与V2轨道中素材的出点齐平,如图9-15所示。

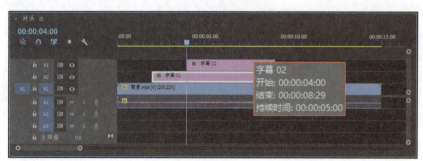

图 9-15

步骤 15 将"项目"面板中的"字幕 03"素材拖曳至"时间轴"面板的V4轨道中,移动其位置,使其出点与V3轨道中素材的出点齐平,如图9-16所示。

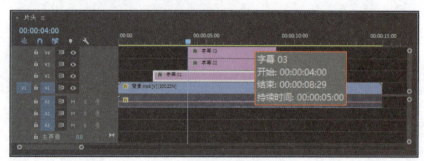

图 9-16

步骤 16 将"项目"面板中的"字幕 04"素材拖曳至"时间轴"面板中的V2轨道的素材出点处,调整其持续时间为2s,如图9-17所示。

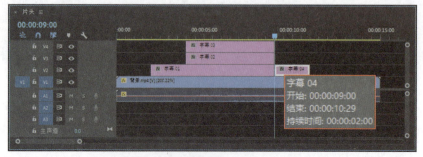

图 9-17

步骤 17 将"项目"面板中的"字幕05"素材拖曳至"时间轴"面板中V2轨道第2段素材的出点处，调整其持续时间为3s，如图9-18所示。

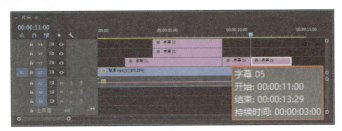

图 9-18

至此，素材的创建与整理完成。

9.2.2 添加效果

关键帧、蒙版及视频效果可以丰富片头效果。其制作过程如下。

步骤 01 移动播放指示器至00:00:00:00处，在"效果"面板中搜索"裁剪"视频效果，将其拖曳至V1轨道的素材上，在"效果控件"面板中单击"顶部"参数和"底部"参数左侧的"切换动画"按钮，添加关键帧并设置"顶部"参数和"底部"参数为50.0%，如图9-19所示。

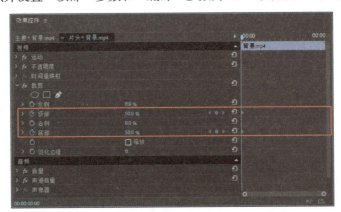

图 9-19

步骤 02 移动播放指示器至00:00:02:00处，修改"顶部"和"底部"参数为0.0%，软件将自动创建关键帧，如图9-20所示。

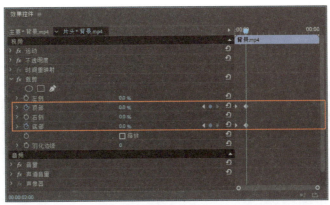

图 9-20

步骤03 选中添加的关键帧，右击鼠标，在弹出的快捷菜单中执行"缓入"和"缓出"命令，平缓动画效果，如图9-21所示。

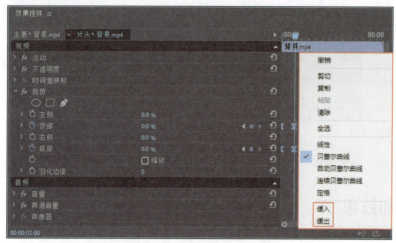

图 9-21

步骤04 在"效果"面板中搜索"高斯模糊"视频效果，将其拖曳至V1轨道的素材上，移动播放指示器至00:00:07:15处，在"效果控件"面板中单击"模糊度"参数左侧的"切换动画"按钮，添加关键帧，选中"重复边缘像素"复选框。移动播放指示器至00:00:08:15处，更改"模糊度"参数为240.0，软件将自动创建关键帧，如图9-22所示。

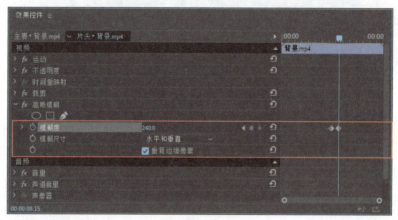

图 9-22

步骤05 在"效果"面板中搜索"黑场过渡"视频过渡效果，将其拖曳至V1轨道中的素材出点处，添加视频过渡效果，如图9-23所示。

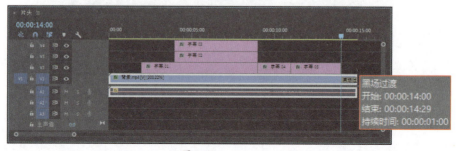

图 9-23

步骤 06 移动播放指示器至00:00:02:00处。在"效果"面板中搜索"裁剪"视频效果，将其拖曳至V2轨道的第1段素材上，在"效果控件"面板中单击"左侧"参数和"右侧"参数左侧的"切换动画"按钮，添加关键帧并设置"左侧"参数和"右侧"参数均为50.0%，如图9-24所示。

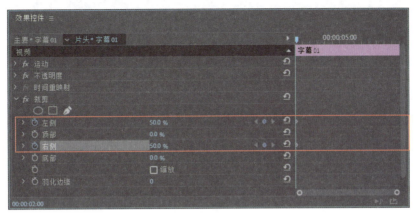

图 9-24

步骤 07 移动播放指示器至00:00:04:00处，更改"左侧"参数和"右侧"参数为28.0%，软件将自动创建关键帧，如图9-25所示。

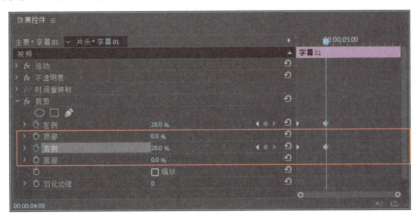

图 9-25

步骤 08 选中添加的关键帧，右击鼠标，在弹出的快捷菜单中执行"缓入"和"缓出"命令，平缓动画效果，如图9-26所示。

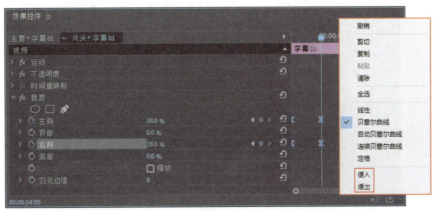

图 9-26

步骤09 在"效果"面板中搜索"交叉溶解"视频过渡效果,将其拖曳至V2轨道中的第1段素材出点处,添加视频过渡效果,如图9-27所示。

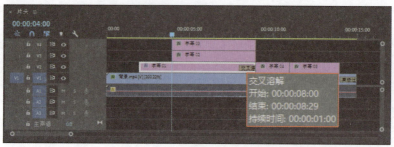

图 9-27

步骤10 移动V2轨道中的第2段和第3段素材至V3轨道中。使用相同的方法,在V3轨道中的第1段素材入点处添加"油漆飞溅"视频过渡效果,在V3轨道中的第2段素材入点处添加"交叉溶解"视频过渡效果,在V3轨道中的第2段素材与第3段素材之间添加"叠加溶解"视频过渡效果,在V3轨道中的第3段素材出点处添加"百叶窗"视频过渡效果,如图9-28所示。

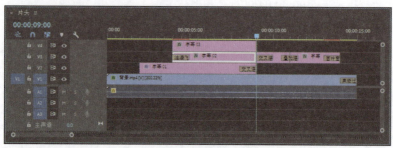

图 9-28

步骤11 移动播放指示器至00:00:08:00处。在"效果"面板中搜索"变换"视频效果,将其拖曳至V3轨道中的第1段素材上。在"效果控件"面板中单击"变换"效果中"位置"参数左侧的"切换动画"按钮,添加关键帧,移动播放指示器至00:00:09:00处,更改"位置"参数,软件将自动创建关键帧。选择添加的关键帧,设置缓入、缓出效果,如图9-29所示。

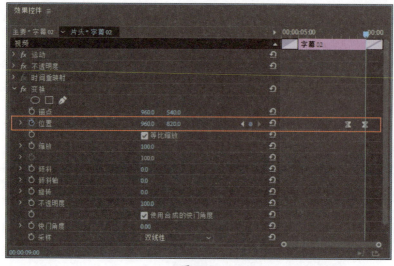

图 9-29

步骤 12 单击"变换"效果中的"创建4点多边形蒙版"按钮■，在"节目监视器"面板中绘制四边形蒙版，如图9-30所示。

图 9-30

步骤 13 此时，在8～9 s时间段中，"节目监视器"面板中的预览效果如图9-31所示。

图 9-31

步骤 14 选中V4轨道中的素材，右击鼠标，在弹出的快捷菜单中执行"嵌套"命令，打开"嵌套序列名称"对话框，设置名称为"书写"，完成后单击"确定"按钮，创建嵌套序列，如图9-32所示。

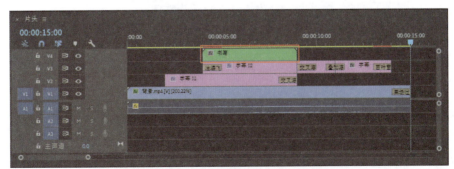

图 9-32

步骤15 移动播放指示器至00:00:04:00处,在"效果"面板中搜索"书写"视频效果,将其拖曳至V4轨道中的嵌套素材上,在"效果控件"面板中设置"书写"效果的参数,如图9-33所示。

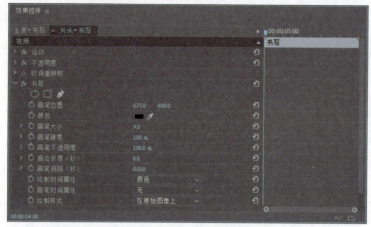

图 9-33

步骤16 此时"节目监视器"面板中将出现画笔,如图9-34所示。

图 9-34

步骤17 在"效果控件"面板中单击"书写"效果中"画笔位置"参数左侧的"切换动画"按钮,添加关键帧,如图9-35所示。

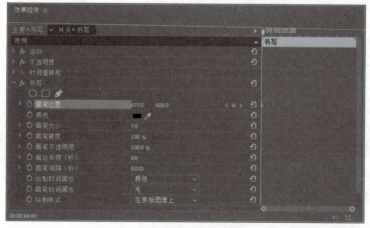

图 9-35

步骤18 将播放指示器右移2帧，调整"画笔位置"参数，软件将自动创建关键帧，如图9-36所示。

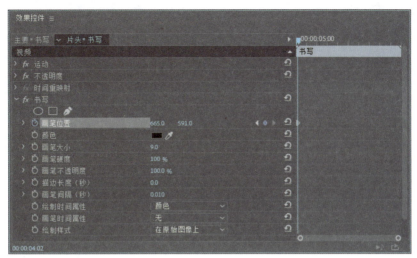

图 9-36

> **操作技巧**
>
> 按键盘上的左右方向键，即可将播放指示器移动1帧；按住Shift键的同时按键盘上的左右方向键，即可将播放指示器移动5帧。

步骤19 使用相同的方法，每隔1～2帧调整"画笔位置"参数，保证画笔依次覆盖画面中的字母，如图9-37所示。

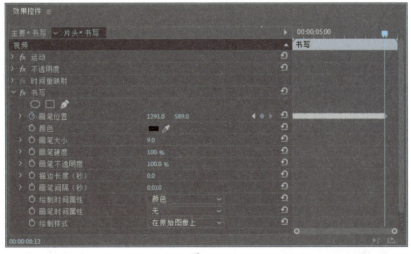

图 9-37

> **操作技巧**
>
> 设置画笔位置时，用户可以放大"节目监视器"面板的显示比例，以便绘制。

步骤20 此时"节目监视器"面板中的效果如图9-38所示。

图 9-38

步骤 21 在"效果控件"面板中设置"绘制样式"参数为"显示原始图像",在"节目监视器"面板中预览效果,即可看到手写文字的效果,如图9-39所示。

图 9-39

至此,效果添加完成。

9.2.3 渲染输出

将项目渲染输出为其他视频格式,可以更方便地进行观看。渲染输出的过程如下。

步骤 01 按Enter键渲染预览素材,渲染后红色渲染条变为绿色,如图9-40所示。

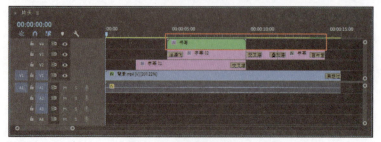

图 9-40

步骤 02 执行"文件"|"导出"|"媒体"命令,打开"导出设置"对话框,在"导出设置"选项卡中设置"格式"为H.264,单击"输出名称"后的蓝色文字,打开"另存为"对话框,设置输出文件的名称和位置,如图9-41所示。

图 9-41

步骤 03 单击"保存"按钮,确认设置并切换至"导出设置"对话框。在"视频"选项卡中设置比特率。选中"导出设置"对话框中的"使用最高渲染质量"复选框,如图9-42所示。

图 9-42

步骤 04 单击"导出"按钮,开始导出文件,如图9-43所示。

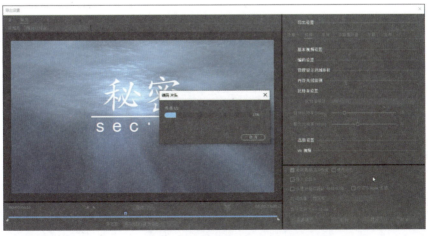

图 9-43

步骤 05 待进度条完成，即可在设置的文件夹中找到导出的视频，播放效果如图9-44所示。

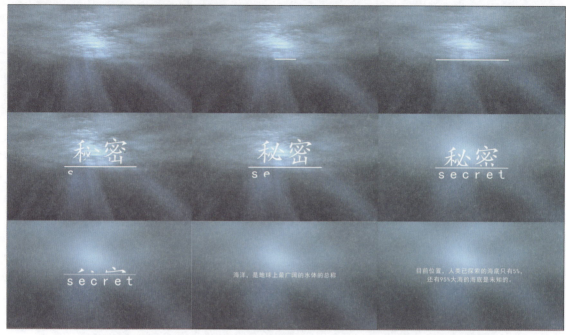

图 9-44

至此，纪录片片头的渲染输出完成。

第10章

制作励志微视频

内容导读

微视频是一种常见的视频形式,应用较为广泛。本章将学习制作励志微视频。通过本章的学习,读者可以整体性地了解Premiere软件,并对Premiere软件的功能及作用加深了解。

要点难点

- 学会剪辑整理素材。
- 掌握添加文字的方法。
- 学会添加效果。
- 学会渲染输出。

10.1 设计解析

微视频是一种短小精悍且具有娱乐性的视频，深受广大群众的喜爱。在制作微视频之前，需要先对视频的脉络进行构思，再根据构思的内容剪辑视频、制作效果，从而使制作的微视频条理清晰、引人入胜。

10.1.1 设计思想

微小的生命也可以绽放灿烂的光彩。本案例从花的绽放、沙粒的流逝入手，对个体在孤单中努力拼搏的样子进行描述，鼓励观众通过个人自身的努力，找到属于自己的闪光点。视频中依次展示了绽放的花、流动的沙粒以及努力奋斗的个体，结合文字信息，点明主旨；搭配动态效果及过渡效果，使视频整体更加顺滑流畅。

10.1.2 制作手法

本案例将练习制作励志微视频，涉及的知识点包括视频效果的应用、视频过渡效果的应用、音频过渡效果的应用及文字的添加等。通过筛选素材，找到合适的片段应用；添加视频效果处理素材，使其风格统一；添加文字信息点明主旨；添加背景音乐烘托氛围；最终输出微视频片段，便于后期观看应用。

10.2 制作过程

励志微视频的制作可以分为素材的剪辑整理、文字的添加、背景音乐的编辑及渲染输出4个部分。下面分别进行介绍。

10.2.1 整理剪辑素材

素材是Premiere剪辑影片的基础。励志微视频素材剪辑整理的过程如下。

步骤 01 打开Premiere软件，新建项目和序列。按Ctrl+I组合键导入素材文件"唱片.mp4""打字.mp4""绿植.mp4""沙漏.mp4""烟花.mov""配乐.wav"及"绽放.mp4"，如图10-1所示。

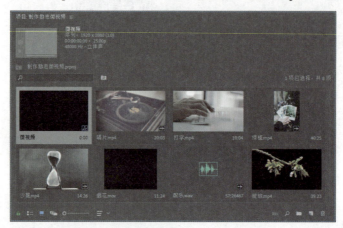

图 10-1

步骤 02 双击"项目"面板中的"唱片.mp4"素材,在"源监视器"面板中打开该素材,移动播放指示器至00:00:02:23处,单击"标记出点"按钮设置出点,如图10-2所示。

图 10-2

步骤 03 选中"源监视器"面板中的素材,将其拖曳至"时间轴"面板的V1轨道中,在弹出的"剪辑不匹配警告"对话框中单击"保持现有设置"按钮,不改变序列设置。图10-3所示为V1轨道中导入的素材文件。

图 10-3

步骤 04 选中V1轨道中的素材文件,右击鼠标,在弹出的快捷菜单中执行"取消链接"命令,取消音视频链接并删除音频素材,如图10-4所示。

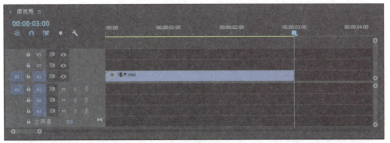

图 10-4

步骤 05 使用相同的方法,执行"缩放为帧大小"命令,调整素材大小,在"节目监视器"面板中预览效果,如图10-5所示。

图 10-5

步骤 06 在"效果"面板中搜索"颜色平衡"效果,将其拖曳至V1轨道的素材上,在"效果控件"面板中设置参数,如图10-6所示。

图 10-6

步骤 07 此时"节目监视器"面板中的效果如图10-7所示。

图 10-7

步骤 08 在"效果"面板中搜索"亮度曲线"效果，将其拖曳至V1轨道的素材上，在"效果控件"面板中设置亮度波形曲线，提亮画面效果，在"节目监视器"面板中预览效果，如图10-8所示。

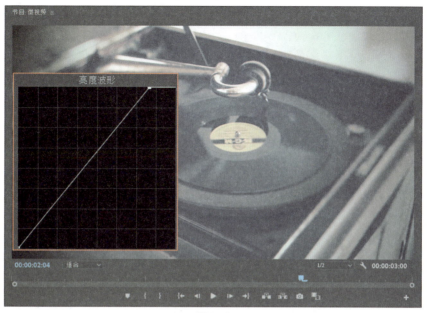

图 10-8

步骤 09 将"项目"面板中的"绽放.mp4"素材拖曳至V1轨道中的素材出点处。选中该素材，右击鼠标，在弹出的快捷菜单中执行"速度/持续时间"命令，打开"剪辑速度/持续时间"对话框，设置"持续时间"为6 s，单击"确定"按钮，在"时间轴"面板中观看素材，如图10-9所示。

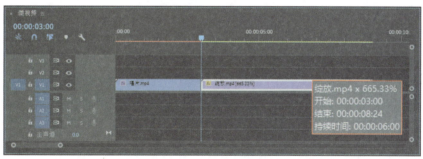

图 10-9

步骤 10 使用相同的方法，将"沙漏.mp4"素材拖曳至V1轨道中的第2段素材出点处，并设置"持续时间"为6 s，删除其音频素材，如图10-10所示。

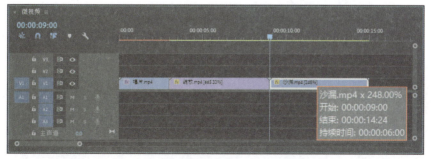

图 10-10

步骤 11 使用相同的方法，将"打字.mp4"素材拖曳至V1轨道中的第3段素材出点处，并设置其"持续时间"为8 s，如图10-11所示。

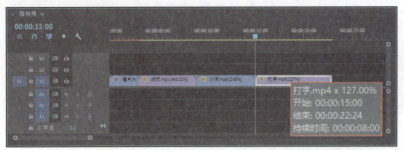

图 10-11

步骤 12 双击"项目"面板中的"绿植.mp4"素材，在"源监视器"面板中打开该素材，移动播放指示器至00:00:06:14处，单击"标记入点"按钮设置入点，如图10-12所示。移动播放指示器至00:00:12:13处，单击"标记出点"按钮设置出点，如图10-13所示。

图 10-12

图 10-13

步骤 13 选中"源监视器"面板中的素材，将其拖曳至"时间轴"面板中的V1轨道第4段素材出点处，删除其音频素材，如图10-14所示。

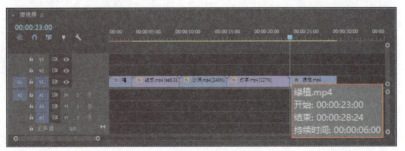

图 10-14

步骤 14 选中V1轨道中的第5段素材,在"效果控件"面板中设置其"缩放"参数为180.0,在"节目监视器"面板中预览效果,如图10-15所示。

图 10-15

步骤 15 使用相同的方法,将"烟花.mov"素材拖曳至V1轨道中的第5段素材出点处,调整其"持续时间"为6 s,如图10-16所示。

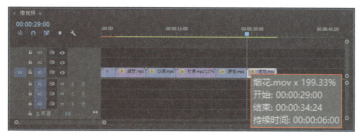

图 10-16

步骤 16 选中V1轨道中的第6段素材,在"效果控件"面板中设置其"缩放"参数为255.0,在"节目监视器"面板中预览效果,如图10-17所示。

图 10-17

步骤17 双击"项目"面板中的"唱片.mp4"素材,在"源监视器"面板中打开该素材,移动播放指示器至00:00:17:03处,单击"标记入点"按钮设置入点,如图10-18所示。

图 10-18

步骤18 选中"源监视器"面板中的素材,将其拖曳至"时间轴"面板中的V1轨道中的第6段素材出点处,删除音频素材,如图10-19所示。

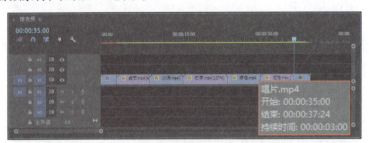

图 10-19

步骤19 选中V1轨道的第7段素材,右击鼠标,执行"缩放为帧大小"命令,调整素材大小,在"节目监视器"面板中预览效果,如图10-20所示。

图 10-20

步骤20 选中V1轨道的第1段素材，右击鼠标，在弹出的快捷菜单中执行"复制"命令。选中V1轨道中的第7段素材，右击鼠标，在弹出的快捷菜单中执行"粘贴属性"命令，打开"粘贴属性"对话框，保持默认设置，单击"确定"按钮，粘贴属性，在"节目监视器"面板中预览效果，如图10-21所示。

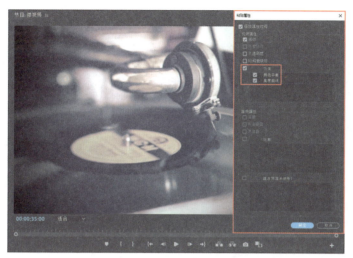

图 10-21

步骤21 在"效果"面板中搜索"黑场过渡"视频过渡效果，将其拖曳至V1轨道中的第1段素材入点处和第7段素材出点处，如图10-22所示。

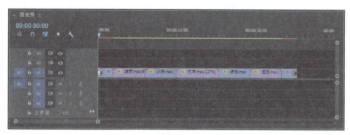

图 10-22

> **操作技巧**
>
> 执行"编辑"|"编辑"|"时间轴"命令，在打开的"首选项"对话框的"时间轴"选项卡中可以设置"视频过渡默认持续时间"为1秒。

步骤22 使用相同的方法，在素材与素材之间添加"交叉溶解"视频过渡效果，如图10-23所示。

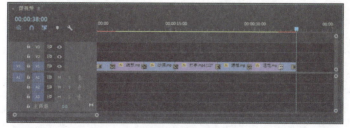

图 10-23

至此，素材的编辑整理完成。

10.2.2 添加文字

文字可以很好地点明视频主旨。文字添加的过程如下。

步骤01 执行"文件"|"新建"|"旧版标题"命令，打开"新建字幕"对话框，保持默认设置后单击"确定"按钮。打开"旧版标题设计器"面板，单击"样式"面板中的Impact Regular soft drop shadow样式，选择"文字工具"，在"字幕"面板中单击输入文字，如图10-24所示。

图 10-24

步骤02 选中输入的文字，在"属性"面板中设置"字体系列"为"楷体"，"字体大小"为64.0，"宽高比"为100.0%，并添加颜色为白色、大小为10.0的外描边，使用"选择工具"调整文字的位置，如图10-25所示。

图 10-25

步骤 03 关闭"旧版标题设计器"面板,移动"时间轴"面板中的播放指示器至00:00:03:00处,在"项目"面板中选中新建的字幕素材,将其拖曳至"时间轴"面板的V2轨道中播放指示器右侧,并调整其"持续时间"为6s,如图10-26所示。

图 10-26

步骤 04 移动"时间轴"面板中的播放指示器至00:00:03:00处,在"效果"面板中搜索"高斯模糊"视频效果,将其拖曳至V2轨道的素材上,在"效果控件"面板中单击"位置"参数和"模糊度"参数左侧的"切换动画"按钮 ,添加关键帧,并设置参数,如图10-27所示。

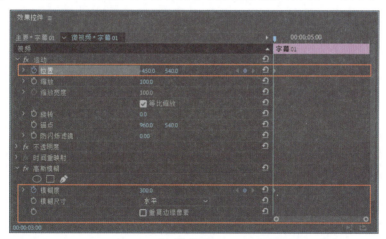

图 10-27

步骤 05 移动播放指示器至00:00:04:00处,单击"位置"参数和"模糊度"参数右侧的"重置效果"按钮 ,恢复默认值,此时软件将自动创建关键帧,如图10-28所示。

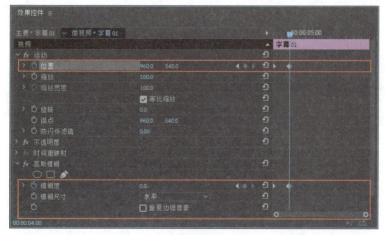

图 10-28

步骤 06 移动播放指示器至00:00:08:00处，单击"不透明度"参数右侧的"添加/移除关键帧"按钮，添加关键帧，如图10-29所示。

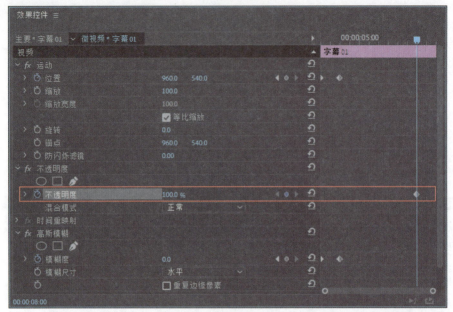

图 10-29

步骤 07 移动播放指示器至00:00:09:00处，更改"不透明度"参数为0.0%，软件将自动创建关键帧，如图10-30所示。

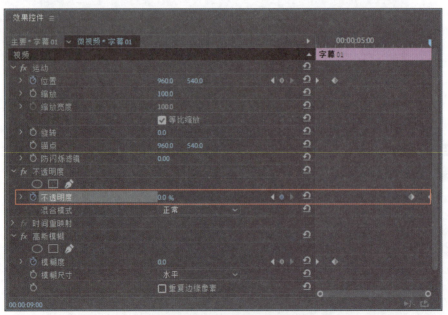

图 10-30

步骤 08 选择所有关键帧，右击鼠标，在弹出的快捷菜单中执行"临时插值"|"缓入"命令和"临时插值"|"缓出"命令，使变化更加平滑，如图10-31所示。

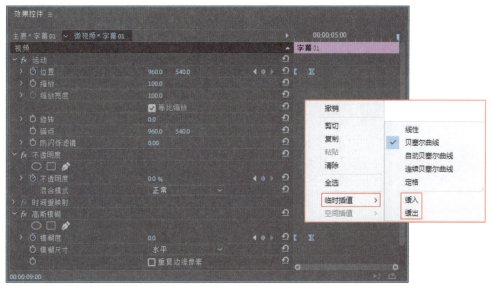

图 10-31

步骤09 选中V2轨道中的字幕素材,按住Alt键向右拖曳复制,如图10-32所示。

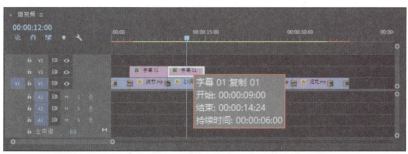

图 10-32

步骤10 双击复制的字幕素材,打开"旧版标题设计器"面板更改文字内容,并设置其行距、对齐方式等参数,如图10-33所示。

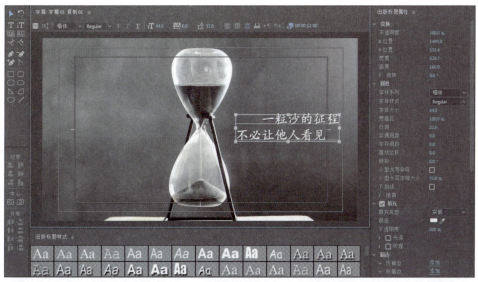

图 10-33

步骤11 关闭"旧版标题设计器"面板，选中V2轨道中的复制素材，移动播放指示器至00:00:09:00处，在"效果控件"面板中设置"位置"参数和"模糊尺寸"参数，如图10-34所示。

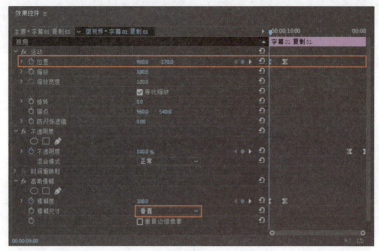

图 10-34

步骤12 选中V2轨道中的第1段素材，按住Alt键向右拖曳复制至V2轨道中的第2段素材出点处，调整其"持续时间"为8 s，如图10-35所示。

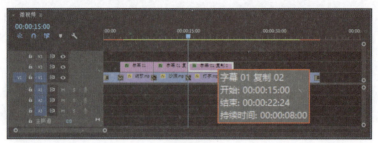

图 10-35

步骤13 双击复制的字幕素材，打开"旧版标题设计器"面板更改文字内容，并调整其位置，如图10-36所示。

图 10-36

步骤 14 关闭"旧版标题设计器"面板，选中V2轨道中的第3段素材，移动播放指示器至00:00:15:00处，在"效果控件"面板中设置"位置"参数，选中"不透明度"关键帧向右拖曳，如图10-37所示。

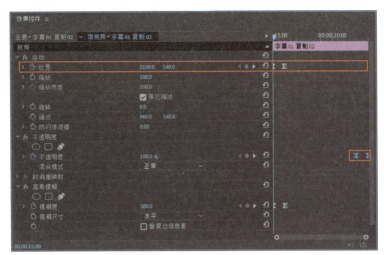

图 10-37

步骤 15 选中V2轨道中的第1段素材，按住Alt键向右拖曳复制至V2轨道中的第3段素材出点处，如图10-38所示。

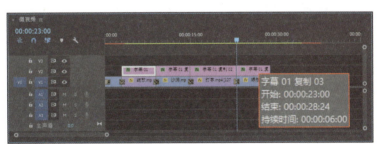

图 10-38

步骤 16 双击复制的字幕素材，打开"旧版标题设计器"面板更改文字内容，并调整其位置，如图10-39所示。

图 10-39

步骤 17 关闭"旧版标题设计器"面板，选中V2轨道中的第4段素材，移动播放指示器至00:00:23:00处，在"效果控件"面板中设置"位置"参数和"模糊尺寸"参数，如图10-40所示。

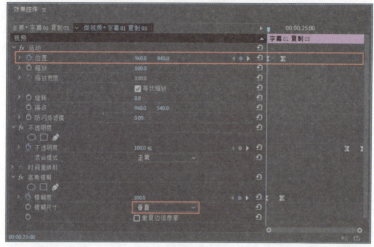

图 10-40

步骤 18 选中V2轨道中的第4段素材，按住Alt键向右拖曳复制，如图10-41所示。

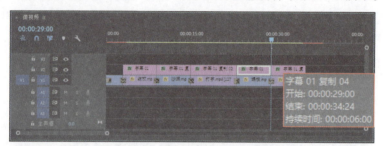

图 10-41

步骤 19 双击复制的字幕素材，打开"旧版标题设计器"面板更改文字内容，并调整其位置，如图10-42所示。关闭"旧版标题设计器"面板。

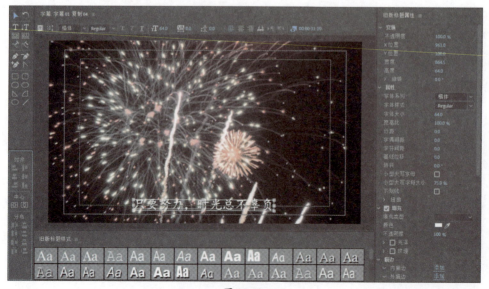

图 10-42

步骤 20 选中V2轨道中的第1段素材，按住Alt键向右拖曳复制至V2轨道中的第5段素材出点处，调整其"持续时间"为3 s，如图10-43所示。

图 10-43

步骤 21 双击复制的字幕素材，打开"旧版标题设计器"面板更改文字内容，并调整其大小及位置，如图10-44所示。

图 10-44

步骤 22 关闭"旧版标题设计器"面板。选中V2轨道中的第6段素材，移动播放指示器至00:00:35:00处，在"效果控件"面板中设置"位置"参数和"模糊尺寸"参数，单击"不透明度"参数左侧的"切换动画"按钮删除关键帧，如图10-45所示。

步骤 23 在"效果"面板中搜索"黑场过渡"视频过渡效果，将其拖曳至V2轨道中的第6段素材出点处，如图10-46所示。

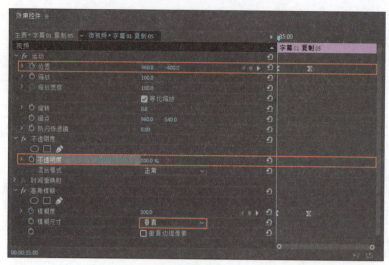

图 10-45

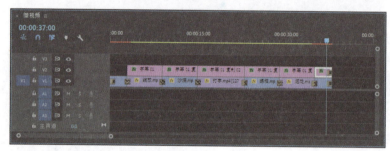

图 10-46

至此，文字添加完成。

10.2.3 编辑背景音乐

背景音乐可以很好地烘托影片氛围。背景音乐添加及编辑的过程如下。

步骤 01 选中"项目"面板中的"配乐.wav"素材，双击在"源监视器"面板中打开，移动播放指示器至00:00:38:22处，单击"标记出点"按钮设置出点，如图10-47所示。

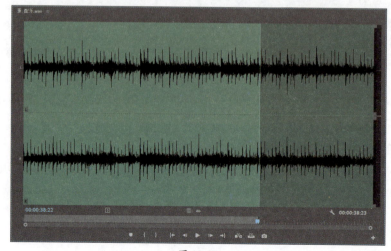

图 10-47

步骤 02 选中"源监视器"面板中的素材，将其拖曳至"时间轴"面板的A1轨道中，如图10-48所示。

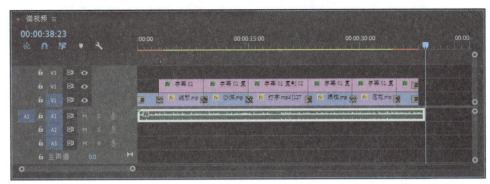

图 10-48

步骤 03 选中A1轨道中的音频素材，右击鼠标，在弹出的快捷菜单中执行"速度/持续时间"命令，打开"剪辑速度/持续时间"对话框，设置"持续时间"为38 s，并选中"保持音频音调"复选框，单击"确定"按钮，效果如图10-49所示。

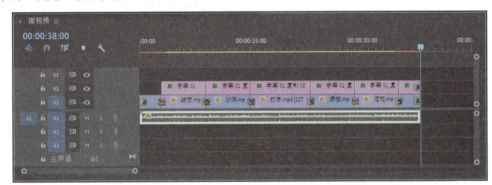

图 10-49

步骤 04 选中音频素材，在"效果控件"面板中设置"级别"参数为-4.0dB，如图10-50所示。

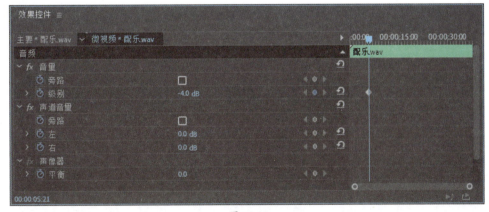

图 10-50

步骤 05 在"效果"面板中搜索"指数淡化"音频过渡效果，将其拖曳至A1轨道素材的入点和出点处，并设置音频过渡效果持续时间为2s，如图10-51所示。

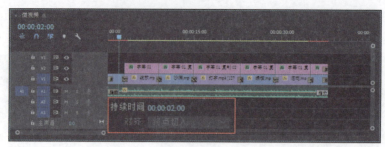

图 10-51

至此，背景音乐的添加与编辑完成。

10.2.4 渲染输出

将项目渲染输出为其他视频格式，可以更方便地进行观看。渲染输出的过程如下。

步骤01 按Enter键渲染预览素材，渲染后红色渲染条变为绿色，如图10-52所示。

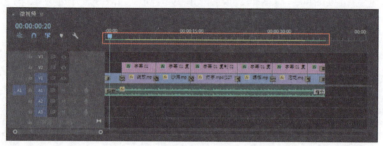

图 10-52

步骤02 执行"文件"|"导出"|"媒体"命令，打开"导出设置"对话框，在"导出设置"选项卡中设置"格式"为H.264，单击"输出名称"后的蓝色文字，打开"另存为"对话框，设置输出文件的名称和位置，如图10-53所示。

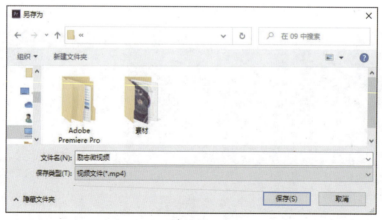

图 10-53

步骤03 单击"保存"按钮，确认设置并切换至"导出设置"对话框。在"视频"选项卡中设置比特率。选中"导出设置"对话框中的"使用最高渲染质量"复选框，如图10-54所示。

步骤04 单击"导出"按钮，开始导出文件，如图10-55所示。

步骤05 待进度条完成，即可在设置的文件夹中找到导出的视频，播放效果如图10-56所示。

图 10-54

图 10-55

图 10-56

至此,励志微视频的渲染输出完成。

参 考 文 献

[1] 吉家进，樊宁宁. After Effects CS6 技术大全 [M]. 北京：人民邮电出版社，2013.

[2] Adobe 公司. Adobe After Effects 经典教程 [M]. 北京：人民邮电出版社，2009.

[3] 程明才. After Effects CS4 影视特效实例教程 [M]. 北京：电子工业出版社，2010.

[4] 严铭洋，聂清彬. Illustrator CC 平面设计标准教程 [M]. 北京：人民邮电出版社，2016.

[5] Adobe 公司. Adobe InDesign CC 经典教程 [M]. 北京：人民邮电出版社，2014.